簡報技術 圖解

抓住五大必勝因素、100個簡報必備訣竅，
任何提案都能輕鬆過關！

Step By Step
報告前的100個check list
上場不出包！

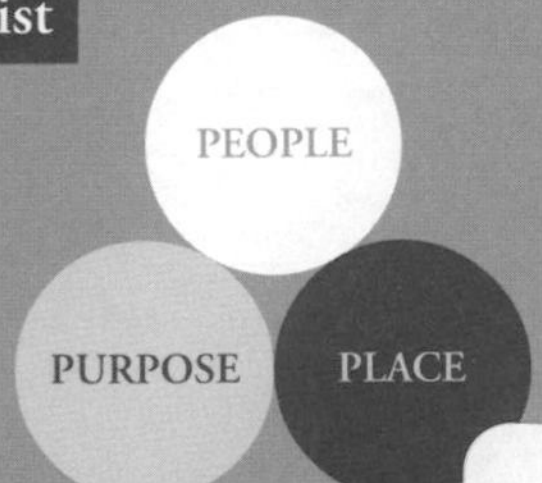

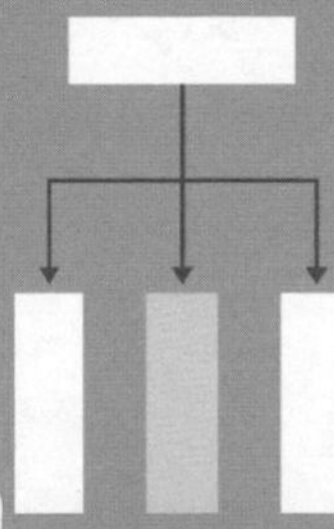

八幡紘芦史
YAHATA Hiroshi——著
趙韻毅——譯

前言

比方說，要向大家簡報新企劃以決定是否可行時，報告者在臺上口沫橫飛，講得滿頭大汗，可是臺下的人卻聽得愁眉苦臉。為何最後企劃案沒被採用，一切努力都白費了？

不是提案不好，而是大家根本不瞭解企劃案內容，這才是提案失敗，沒被採用的主因。聽簡報的人會不會讓自己不瞭解的企劃案過關？答案只有一個，「不會。」

所以想讓自己的提案被採用，首先得清楚傳達提案內容，讓聽講者了解：「原來如此！」並且表示認同：「沒錯就是這樣！」，讓所有人都覺得這是最佳方案。最後，當然就是讓大家做出贊成的決議：「好！就這麼進行吧！」別小看這些，可都是絕對必要的。

讀者在看完這本書，如果能確實掌握書中所傳達的竅門，不管將來做任何的企劃簡報，都一定能輕鬆過關。這點我人格保證。

如果有機會在往後的工作上進行企劃案的簡報，那麼就一定要熟讀「第一章：開始準備做簡報」。如果只是沒頭沒腦地坐到電腦前面，毫無章法的進行製作簡報內容，是絕對做不出好的企劃案。製作簡報，首先一定要規劃策略，要分析簡報的對象是誰、簡報的目的為何、簡報的場所在哪裡。

規劃好策略後，就可以進入「第二章：確定腳本的架構」。一般來說，大部分的主講者都會根據自己本身所想要表達的結構順序，來進行說明。然而這樣的順序可能跟聽簡報的人所期望聽到的不同。所以主講者應該要想出一套腳本，讓聽講者恍然大悟地發現「原來如此」，然後再展開邏輯性的說明。

此外，主講者如果想要運用視覺輔助設計來增加簡報內容的精采度，就得仔細閱讀「第三章：運用視覺輔助設計」。只要能充分活用本章的提示，就應該可以做出讓聽講者一看就懂，並留下深刻印象的簡報。

擬定好了策略、確定腳本架構、選擇製作視覺輔助設計之後，就差不多是時候做簡報了。但是在真正做簡報之前，千萬要熟讀「第四章：傳達具有說服力的訊息」。如果能確實理解並做到本章的要點，在做簡報的時候，就一定能夠以非常自信的態度面對聽講者，而且所要傳達的訊息也就會非常具有說服力。

如果做簡報時，臺下的聽講者毫無反應，其實不是什麼大不了的事。不過這個時候就不能錯過「第五章：利用雙向交流的簡報進行遊說」。如果簡報能變成雙向交流的模式，雙方就能透過彼此交換意見尋求共識，最後聽講者自然會心甘情願的說，「好！就這麼進行吧」。

我想讀者看到這應該已經察覺到一件事，那就是在讀完這本書之後，就有機會成為做簡報的高手。不過很可惜，這樣的想法太過天真。因為讀者必須一而再、再而三地去思考書中的含意，並設法加以落實。不但如此，還必須要反覆練習。所以得把這本書放在隨手可及之處，以便隨時翻閱參考。等到讀者將這本書翻得泛黃的時候，就可以算是不折不扣的簡報高手了。

接下來，就讓我們進入「第一章：開始準備做簡報」。

簡報技術圖解

目・次

第1章 著手做簡報

第2章

確定腳本的架構

第3章 視覺輔助設計

第4章 傳達具有說服力的訊息

第5章 利用雙向交流完成目標

第 1 章
著手做簡報

1-1 說服聽講者

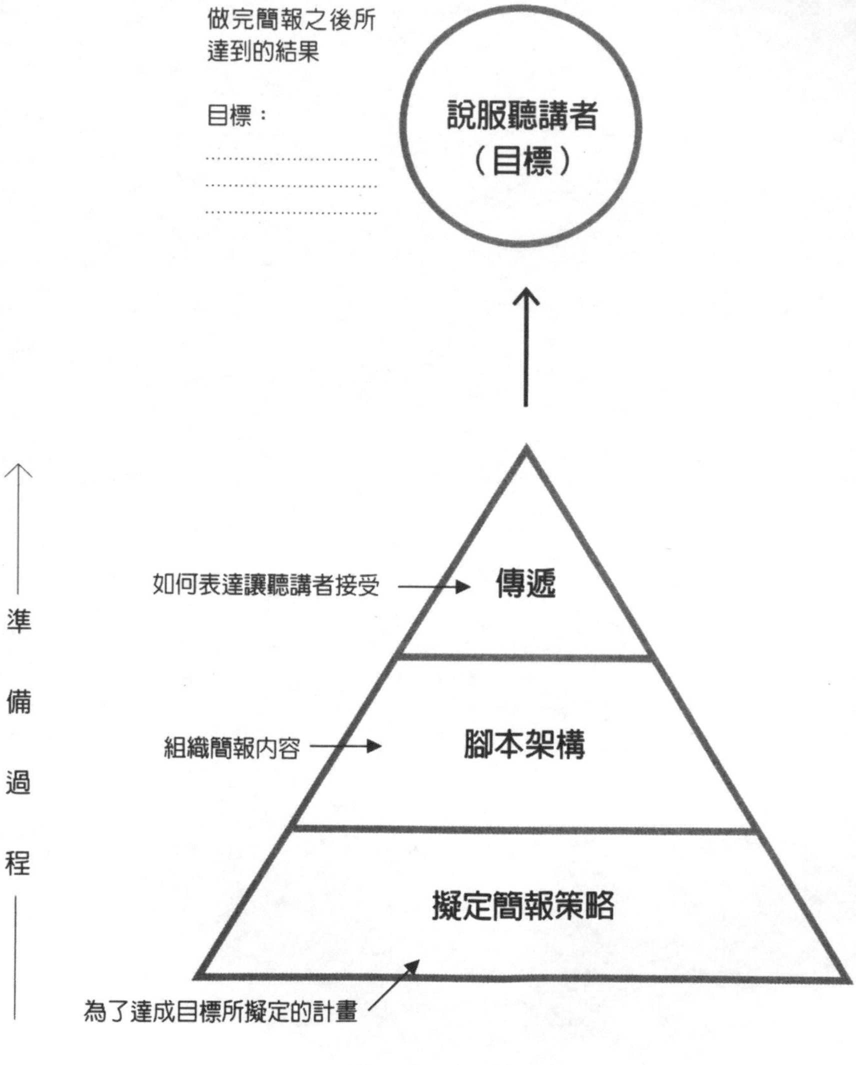
做完簡報之後所達到的結果
目標：
說服聽講者（目標）
如何表達讓聽講者接受
傳遞
組織簡報內容
腳本架構
擬定簡報策略
為了達成目標所擬定的計畫
準備過程

簡報的終極目標

被指派做簡報時，首先必須決定這次簡報的「目標」。也就是做完簡報後希望得到的東西。如果搞不清楚自己想得到什麼，那連得到的機會都不用考慮。因此先不管其他的事情，第一優先就是決定預期的目標。

說服聽講者

大家都希望做完簡報後，講聽者能說「好！就這麼進行吧！」為了達成目標，就得說服聽講者，這是主講者的絕對任務。讓聽講者改變立場而站在同一陣線，或是讓反對者一改初衷表示贊同，這不是件簡單的工作。不過，沒什麼好擔心的，只要確立簡報的金三角架構，所有困難都可以迎刃而解。

簡報的金三角架構

主講者一定要先擬定說服聽講者「策略」，心想「船到橋頭自然直」是行不通的。首先擬出策略再規劃腳本架構。主講者得先準備好內容引領聽講者，再選擇適切的傳遞方式。這裡所說的傳遞就是「傳達訊息」。金三角架構擬定簡報的策略、架構腳本，以及傳遞給聽講者。確立金三角架構，就一定能成功地說服聽講者。

1-2 分析 3P

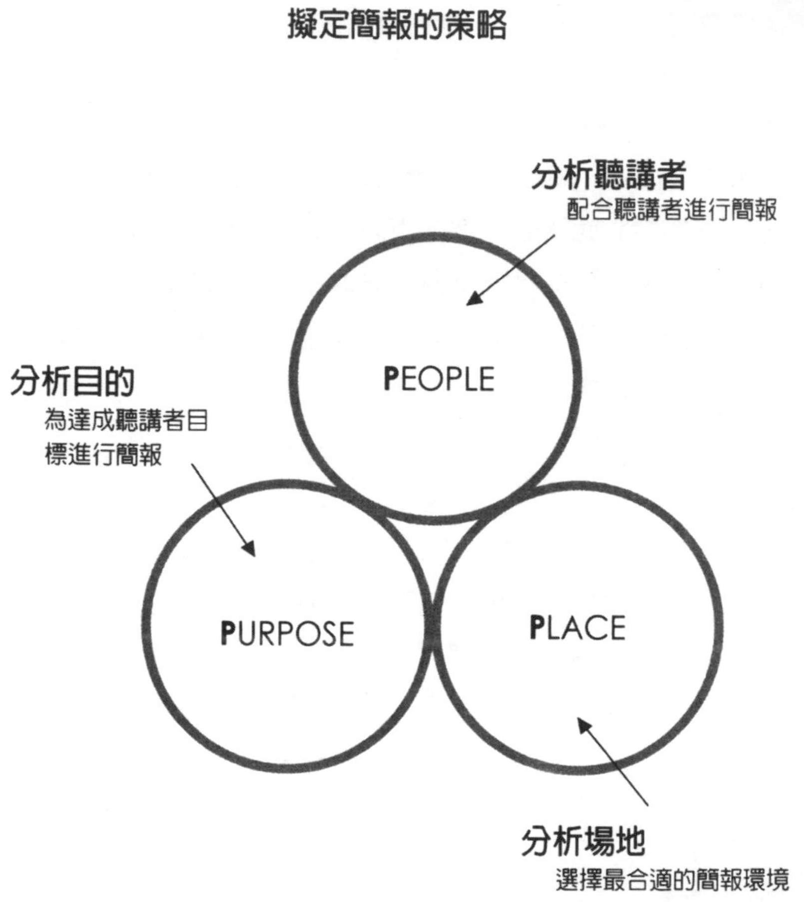
擬定簡報的策略
分析聽講者
配合聽講者進行簡報
分析目的
為達成聽講者目標進行簡報
PEOPLE
PURPOSE
PLACE
分析場地
選擇最合適的簡報環境

分析聽講者

接下來，從擬定簡報策略開始談起。要擬定策略，必須先分析「3P」。分別是聽講者（PEOPLE）、目的（PURPOSE）和場地（PLACE）。完全不清楚聽講者背景的情況下就展開簡報，一定會有「唉呀！當時應該這樣講 ... ...」令自己後悔的狀況。所以事先分析「聽講者是誰？」是非常重要的 。如果等到簡報結束才搞清楚對象是誰，一切就太晚了。

分析目的

聽講者為什麼要來聽這個簡報？弄清楚這一點，說服聽講者就不是難事。反過來說，沒搞清楚聽講者的真正目的，聽講者想要聽的內容和主講者傳達的訊息之間就會產生落差。簡報從頭到尾就好像是主講者唱獨角戲。不用等到聽講者的結論，主講者總結時就可以感受到這次簡報徹底失敗。

分析場地

如果能事先針對簡報的場地做完整的分析，那麼就可以避免掉許多意外狀況。舉例來說，在空間不大的場地做簡報，過多的聽講者讓原本就狹窄的空間顯得更為擁擠。如果這個時候空調不能發揮作用，聽講者的注意力恐怕很快就會分散。又或者是，講到關鍵處「就是這裡！」的時候，投影機卻突然故障完全無法顯示。只要能事先勘查場地、多做一點準備，就可以防止這些類似的突發狀況，也可以避免讓自己陷入窘境中。

1-3 收集 3P 的資料

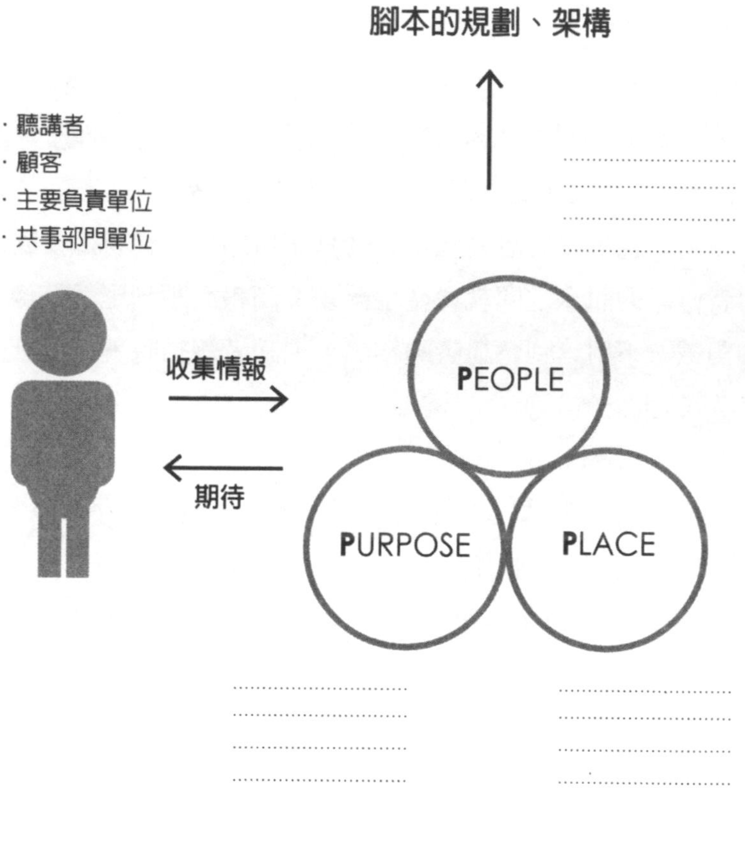

腳本的規劃、架構
· 聽講者
· 顧客
· 主要負責單位
· 共事部門單位
收集情報
期待
PEOPLE
PURPOSE
PLACE

收集新情報

接著，就該收集 3P 的相關訊息。也許很多人會說「拜託，這種事早就知道了！來聽簡報的就只有負責的人員和長官」。也許實際狀況真的是這樣。但是，搞不好大家對這個企劃案充滿期待，連重要高層都表示想來參加也說不一定。此外，也有可能在自己沒注意到的地方，變成其他競爭對手所鎖定的目標。如果不喜歡在一般的會議室舉行，也有人在員工餐廳進行。反正最重要的是要獲得最新的情報。

向主要負責的單位詢問

在這種時候，一定要不辭辛勞、不計一切代價收集各種有關 3P 的資訊。如果是要向顧客提案，一定要向對方負責的人員問清楚「有哪些人會出席這次簡報會議」。另外，如果是預定在公司的內部會議中作簡報的話，就得向主要負責的單位詢問：「參加這次會議的各位，對於這次簡報的看法是怎樣？期望又是什麼？」又或者是「有提供簡報會場的配置圖嗎？」等等相關細節。最好可以直接找主要的負責單位或人員詢問，絕對不要自己猜測、空想。

提高期待值

如果主講者能夠完整的收集有關 3P 的情報，那麼聽講者就可以對這次的簡報有比較多的期待，「這次會議應該可以聽到不錯的簡報內容」。如果能提高聽講者的期待值，那麼想要說服他們就不是件難事。如果來參與的聽眾都是想要笑的人，只要很簡單的一個笑點，就能讓他們開懷大笑。做簡報也是同理可證。

1-4 分析聽講者

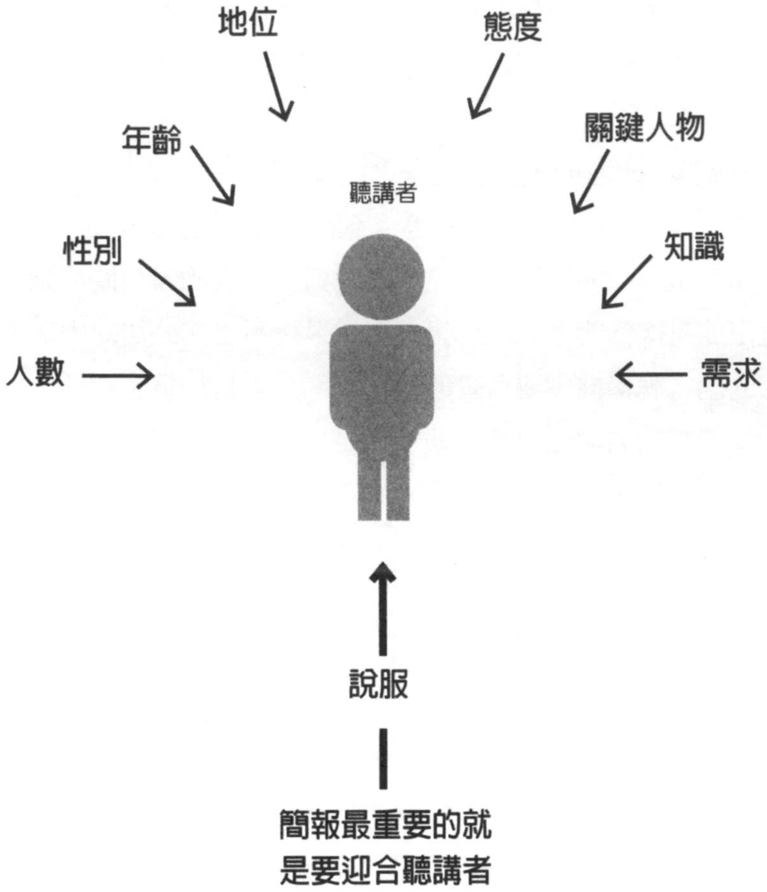
地位
態度
年齡
關鍵人物
聽講者
性別
知識
人數
需求
說服
簡報最重要的就
是要迎合聽講者

分析項目

3P 之一就是聽講者，收集聽講者的相關資料後加以分析。究竟聽講者的哪些訊息是非知不可的？這裡試舉幾個例子。例如：聽講者人數、性別、年齡、地位、態度和專業度等等。全部加總起來就可以歸納出聽講者的真正需求，這點是非常重要的。此外，就是找出關鍵人物，也就是決定企劃案能否通過的人。這個關鍵人物的資料是絕對不能漏掉的。要作簡報的人，最好事先把項目都做成檢查總表，進行資料收集，如此一來就萬無一失。

迎合聽講者

比方說在董事會上簡報新企劃案，就要為辛苦準備的內容找可以加分的呈現方式。如果只是把部門會議上作簡報的同一套，直接搬到董事會上再作一次「一路走來始終如一」的簡報。雖然說貫徹信念是很好，但不管對象是誰，永遠都用同一套方式簡報是不行的。因應不同聽講者，針對不同的角度切入，才能讓自己的企劃案立於不敗之地。

最恰當的說服方式

許多提案沒被採用的最重要關鍵，在於沒有根據聽講者喜好調整簡報方式。所謂的調整指的是以原本的事實內容為基礎，修改遊說的方式。人數不多的小型簡報會議、大規模的企劃案發表會、年輕的聽講者、高齡的對象，不同階層聽眾的興趣和所關心的重點都不一樣，所以必須依據聽講對象的不同，找出不同的呈現方式。「一路走來始終如一」的簡報方式，絕對是作簡報的大忌。

1-5 掌握聽講者屬性

聽講者的人數

人數不多：深入探討議題，針對聽講者個別的問題加以溝通
人數眾多：廣泛討論議題，針對大多數人的需求加以回應

※特別注意發放資料的數量。

聽講者的年齡

年齡層高：內容必須強調現實面、趨於保守
年齡層低：內容必須強調革新，兼具冒險性

※必須注意態度、表達方式。

聽講者，即公司組織的價值觀

傳統的：必須經過深思熟慮、慎重的進行
先進的：提案大膽、追求速戰速決

※注意文化背景等禁忌。

聽講者的人數

主講者必須確定聽講者的人數。簡報的呈現方式，依照聽講者的人數多寡而有所不同。如果聽講人數不多，就可以深入探討議題，針對聽講者個別的問題進行溝通。然而，聽講者眾多的簡報會議上，這樣的方式就行不通。只能針對議題進行廣泛討論，回應多數人的需要。另外，沒有事先知道有多少參加者，使得準備的資料不敷使用，更會造成現場一團慌亂。

聽講者的年齡

當然，聽講者的年齡層也對簡報方式有重大影響。如果要說服年齡層比較高的聽講者，強調現實面的保守方案可能比具挑戰性的嶄新提案更具說服力，主講者的態度是不是中肯，對年齡層比較高的聽講者也有相當程度的影響。另一方面，面對年齡層比較低的聽講者，相同的簡報內容必須採取不同的切入角度，選擇有冒險性，創新的呈現方式會更容易被採納。

聽講者的價值觀

「當然，聽講者如果來自重視傳統的企業，提案內容就必須經過深思熟慮，慎重進行簡報。相對地，聽講者若來自先進新興的企業，主講者應該大膽地提出可以速戰速決的企劃案。聽講者常常會因為個人觀點、或組織而有不同的價值觀。如果提案不能符合聽講者的價值觀，最後會變成「內容是不差啦！但是對我們好像不合適……」等等複雜的發展。

1-6 探索聽講者的課題

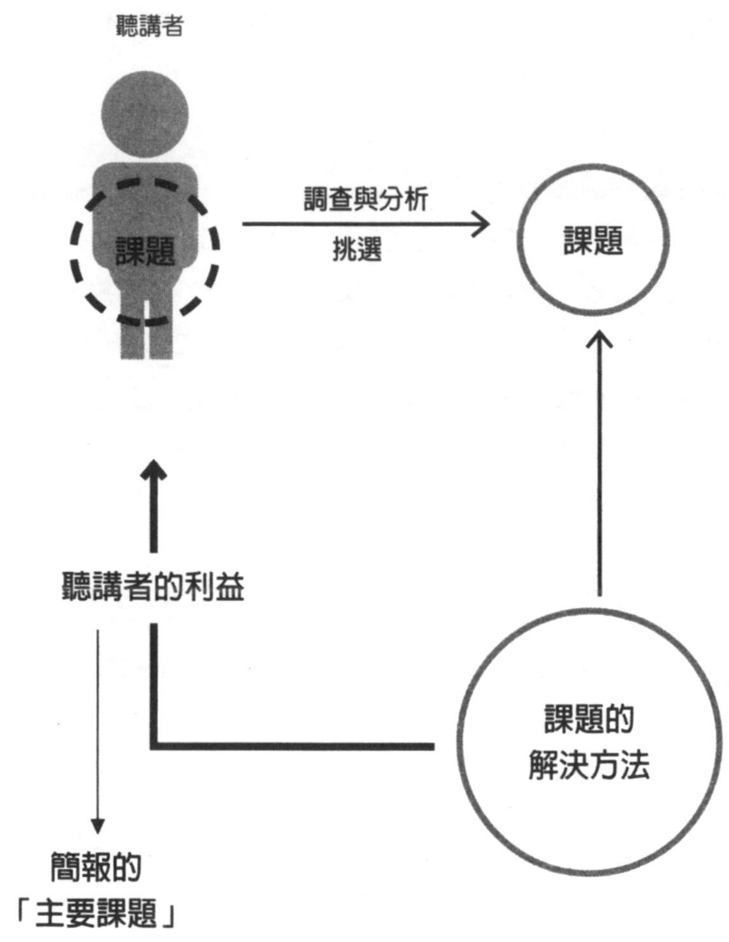
聽講者
課題
調查與分析
挑選
課題
聽講者的利益
課題的
解決方法
簡報的
「主要課題」

找出聽講者想知道的

聽講者通常是有所期待的，比方說，對業務進行改革、期望降低成本、擴大市場占有率等等。主講者若能針對這些課題提出因應方案，提案被採納的機會就相當高。換句話說，如果聽講者的首要目標是降低成本，但是提案方向卻偏重擴大市場占有率，就不容易得到聽講者認同。所以作簡報之前，務必再次確認聽講者想知道的課題，確切提出解決方案。

調查並分析聽講者

千萬不要認為自己已經完全清楚聽講者想知道什麼。開始準備簡報內容的時候，必須再一次確認。透過調閱統計資料、網際網路、檢索最新的消息。還可以直接和聽講者進行溝通，收集最新的情報，找出聽講者真正想知道的課題。再著手策劃解決此課題的提案。

暢談聽講者的利益

真正有用的簡報，其實就是暢談提案可以為聽講者帶來的利益。例如，短時間內大幅提升業務、降低百分之二十的成本、成為市場上獨大的供應商等等。或許簡報目標是提供解決方案。但是對聽講者來說，這些只能算是手段。主講者應陳述自己的提案將如何為聽講者帶來利益。

1-7 聽講者的專業程度

聽講者的狀況	注意的焦點
聽講者為專家 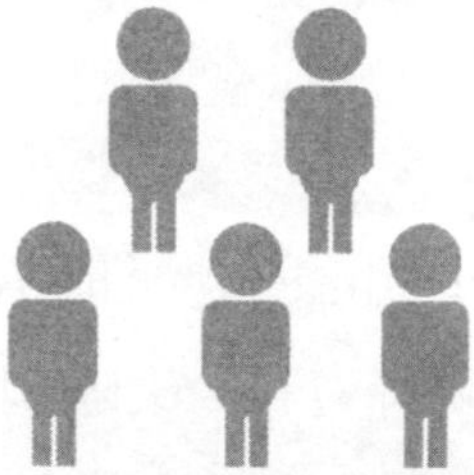	• 多用專業術語 • 省略前提的敘述 • 提供嶄新的概念
聽講者為一般民眾 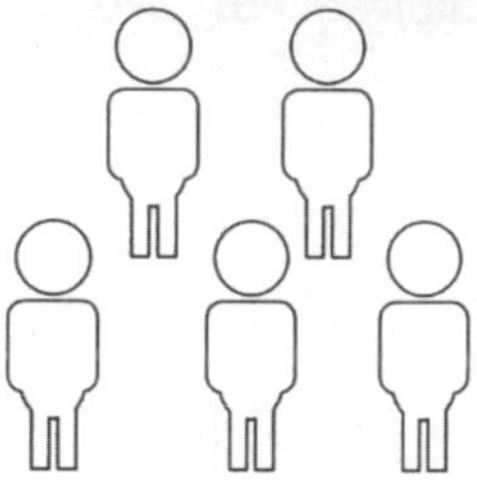	• 避免使用專業術語 • 強調前提的陳述 • 採取淺顯易懂的說明方式
聽講者來自各種階層 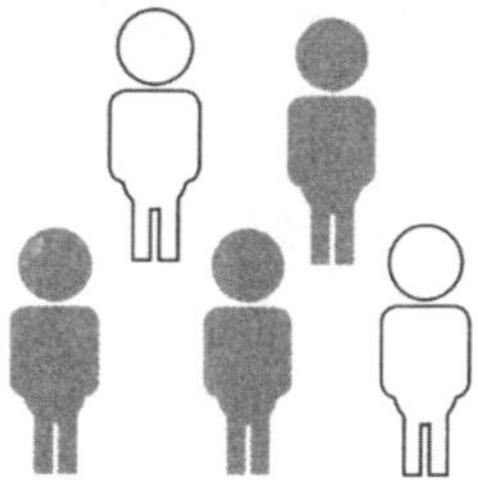	• 目標是讓所有人都能理解 • 詳細說明專業術語 • 讓前提變成共識

聽講者為專家

事先分析聽講者專業程度的分布階層，絕對可以讓提案攻無不勝、戰無不克。假如聽講者是同業，就可以巧妙運用專業術語增加說服力。即使不強調前言的陳述，雙方能夠互相溝通、瞭解。因為具有專業素養的聽講者只要看到展示的實物，就能立刻領悟其中原理，再加以視覺設計的輔助，就能全盤瞭解提案內容。然而，就是因為聽講者都是專家，如果簡報的內容過於老套、或是構想缺乏新意，提案就不可能過關。

聽講者為一般民眾

另一方面，如果聽講者的專業知識和自己不同，如何作簡報就很重要。在這樣的情況下，盡量避免使用專業術語 。若真的無法避免時，也必須先加以說明。在沒有相同認知的前提下，很多事都必須「從頭講起」，才有可能讓不具專業知識的聽講者瞭解企劃內容。要是整場簡報都用艱澀的言詞，只會讓聽講者滿頭霧水，問號滿天飛。而且對一般民眾來說，只要搞清楚企劃案內容，他們對專業簡報是不會有任何懷疑的。

聽講者各種階層都有

面對混雜各種階層的聽講者的簡報是最麻煩的。出席人員包括技術人員、高階幹部、現場工作人員和管理階層都有的簡報會議，主講者該怎麼做？當然找出關鍵人物，配合他的層次進行簡報，不失為一種方法。但是關鍵人物也許會傾向社內專家的意見、或者選擇順應社內的多數意見。總之，要想辦法讓所有聽講者都瞭解簡報內容。詳細地分析每一個聽講者，再找出個別的對應之道，是可以做到的。

1-8 釐清和聽講者的關係

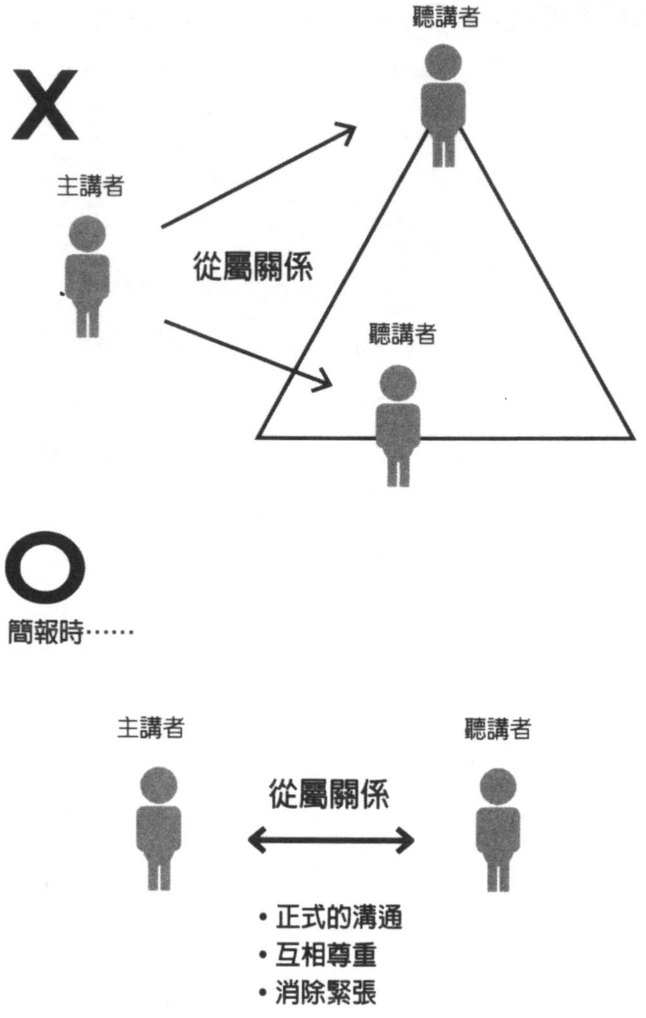

和聽講者的從屬關係

一個小職員向高階主管進行簡報，容易因為緊張而開口閉口都是敬語，注意力都放在強調身分差距的用字遣詞上。或者主管對屬下們進行簡報時，可能從頭到尾都是命令的口吻。事實上簡報時，聽講者和主講者應該是對等的。雖說是對等地位，但是聽講者應該要保持尊重的態度，不管在什麼狀況下都是一樣的。

和聽講者的距離

開講前先環視一下聽講者，發現認識的人也來參加；有好友坐在聽眾席；平時相當親近的工作伙伴也到場聆聽。就很安心自在的進行簡報。但是要注意不能有隨便的舉止，畢竟簡報是很正式的溝通方式，必須很認真地當作一回事。而且主講者僅對部分和自己熟識的聽講者表現得很親切，會讓其他人產生不舒服的感覺。

初次見面的聽講者

如果聽講者都是陌生人，主講者可能會緊張不安。但是倒不用擔心這一點，聽講者心裡也是忐忑不安。如果主講者就這樣開始進行簡報，恐怕會讓雙方都覺得窒礙難行。要是能來個輕鬆詼諧的開場白，就可以拉進彼此的距離，讓簡報進行得更順利。但不管是哪一種狀況，主講者最好是再次確認聽講者資料，絕對是有益無害。

1-9 說服關鍵人物

聽講者所屬的組織權力結構分析

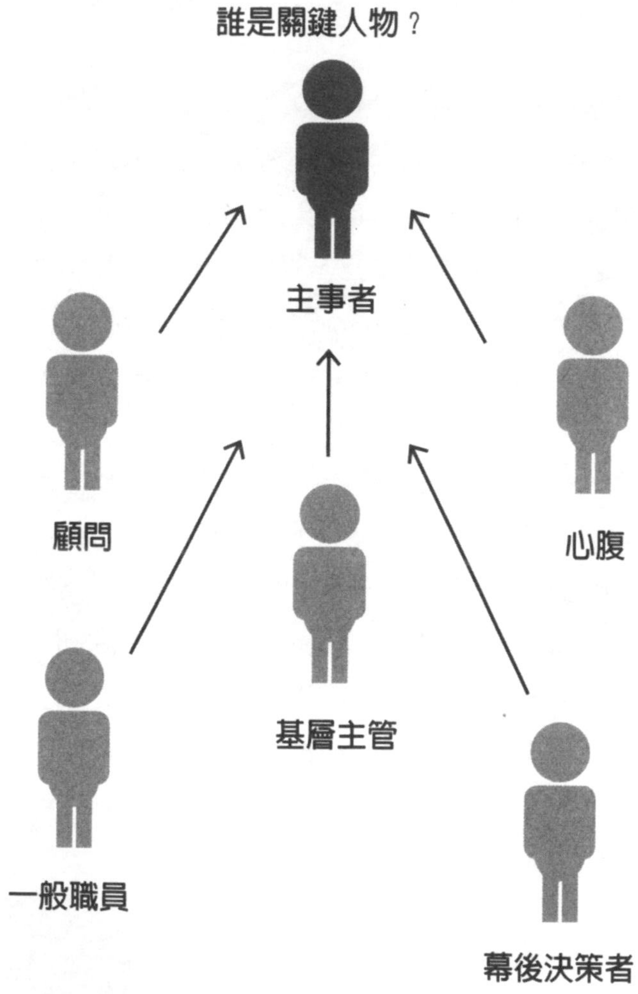

究竟誰是關鍵人物

聽講者在聽完後露出滿足的表情，會讓主講者覺得十拿九穩。但是企劃案卻沒過關。到底是為什麼？雖然大部分聽講者都贊成簡報內容，卻因為掌握決定權的關鍵人物持反對意見，而導致如此結果。所以事前沒搞清楚「關鍵人物是誰」，再怎麼努力準備簡報內容也只是作白工。

要小心圈套

也許有主講者先入為主地認為，聽講者中地位最高的人就是關鍵人物，這樣的判斷是相當草率的。幕後或許有其他的關鍵人物存在，或是極具影響力的顧問；也有可能是能幫高階主管出主意的心腹人物。真正有決策權的人往往躲在幕後操縱大局。這樣的情況相當常見。所以作簡報前無法針對聽講者的組織權力結構徹底分析，就有可能發生搬石頭砸自己腳的悲劇。

關鍵人物不在場

經過分析後卻發現根本沒有關鍵人物；或者是關鍵人物沒辦法參加。向在場人員探詢簡報後的決定，卻得到答覆：「這個部分還需要再確認 ......」。這樣的答案令人難以入喉。但就算是這樣，也不能放棄努力。這個時候更該想辦法說服在場所有聽講者，讓他們跟自己站在同一陣線，營造多數意見的趨勢來影響決策。主講者也可以在準備好的現場資料上特別加註說明，或者是決定將簡報延期。不管採取哪種對應方式，主講者都應該在事前盡全力邀請關鍵人物出席。

1-10 改變聽講者的態度

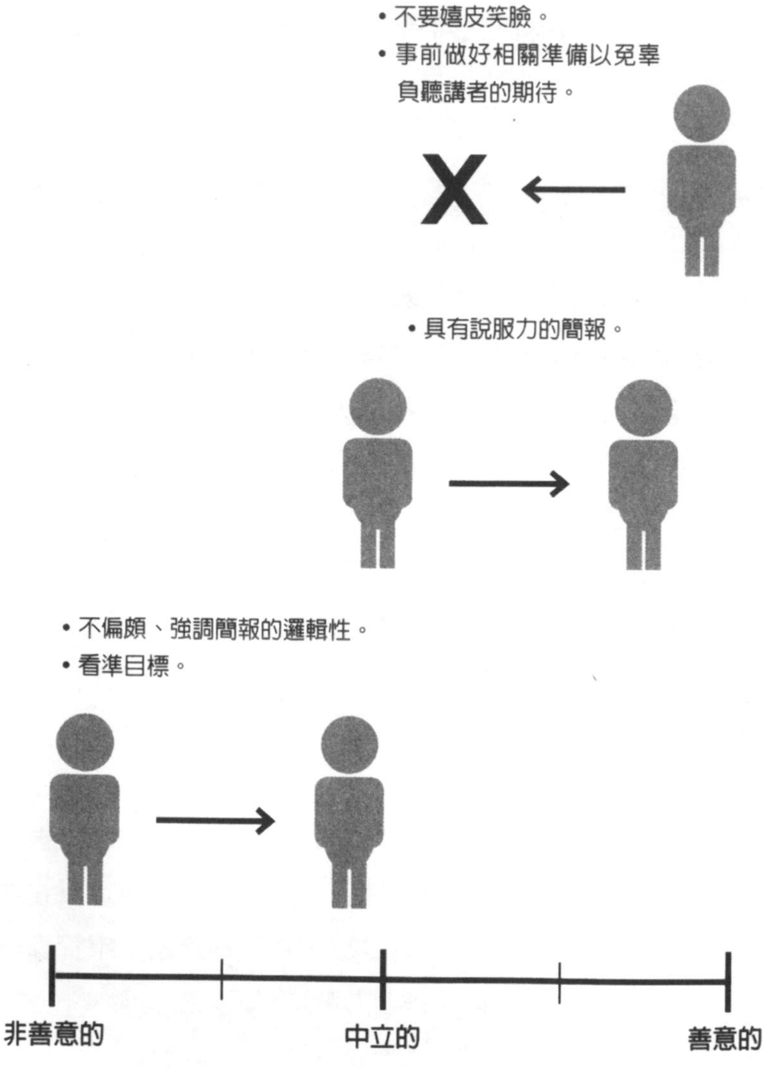

• 不要嬉皮笑臉。
• 事前做好相關準備以免辜負聽講者的期待。
X
• 具有說服力的簡報。
• 不偏頗、強調簡報的邏輯性。
• 看準目標。
非善意的
中立的
善意的

聽講者的態度

簡報會議中，一定會有所謂「善意的聽講者」、「非善意的聽講者」，以及「中立的聽講者」。不論這些人是誰，事先加以分析，就不會讓自己為簡報結束後的結果懊悔不已。對主講者來說，能夠得到友善聽講者的支持是件好事。然而，也必須要想辦法說服非善意的聽講者及中立的聽講者。主流派系、國王的手下、皇后人馬，這些利害關係的消長，工作及朋友的交情等等細節，聽講者所屬組織的內部人際關係都要詳加調查，確實掌握。

善意的聽講者

如果是善意的聽講者，加以說服就不是件難事。一般來說，這樣的聽講者通常會在簡報開始之後，就心悅誠服，對於主講者充滿讚賞之意。只要語帶詼諧就能讓他們開懷大笑；簡單閒聊就能拉近彼此的距離。要特別注意的是，面對充滿期待的聽講者，如果簡報內容沒辦法讓他們滿意，奚落聲可是會讓人陷入難以招架的窘境。對於每個主講者來說，很有可能因為聽講者是善意的而掉以輕心，必須特別留意。

非善意的聽講者

其他聽講者較容易應對，最麻煩的狀況就是非善意的聽講者。這種聽講者，不管主講者的簡報內容為何，就是反對。對於這樣的聽講者，也不用一定要強逼他們改變初衷，贊同提案。這只會演變成主講者越是試圖要說服他們，反對意識就越強烈的狀況。主講者要做的是，確定簡報內容不偏頗，而且具有邏輯性。只要讓反對者認為，「這個主講人還蠻公道的。」就算是成功了。應該把目標設定為改變中立派聽講者的態度。

1-11 不同的遊說手法

對聽講者的分析項目	收集情報的結果	說服方案
人數	人數不多	• 仔細分析聽講者 • 挑選具體的題目 • 深入探討主題 • 多運用視覺輔助效果 • 不可過度侷限視覺輔助效果
	人數衆多	• 選擇一般性的題目 • 內容廣泛而淺顯 • 提供讓人印象深刻的內容 • 忘我的演出是必要的
性別	男性	• 著重邏輯的話題 • 強調數據 • 以解決問題為主
	女性	• 以衆多例證加以說明 • 感性訴求
年齡層	年齡層高	• 提案著重務實 • 內容強調邏輯性 • 應對態度正式而有禮
	年齡層低	• 提案著重創新 • 內容強調挑戰性 • 營造輕鬆的氣氛
社會地位	社會地位高	• 以專家的角度提出意見 • 提案必須具有前瞻性 • 論點必須講求公平
	社會地位低	• 表現方式要淺顯易懂 • 用詞遣句簡單明瞭 • 重視和聽講者的關聯性
態度	善意的	• 不要嬉皮笑臉 • 內容必須符合聽講者的期待
	非善意的	• 內容強調邏輯不偏頗 • 設定簡報期望達成的目標
專業程度	程度高	• 多用專業術語 • 省略前提的敘述 • 提案必須有創新的構想
	程度低	• 避免使用專業術語(詳細說明) • 將前提變成共識 • 解說必須清楚詳盡
需求	聽講者的課題	• 提供課題的解決方案
關鍵人物	聽講群衆的權力構造	• 把注意焦點放在關鍵人物，同時不忽略其他人 • 要留意突發狀況

從聽講者特性決定

依聽講者的特性，選擇不同的遊說手法。整場簡報做完，究竟能不能說服聽講者讓企劃案順利過關，是主講者最關心的事。這些事恐怕都只在聽講者的一念之間，不管開發了多少嶄新的技術。如果聽講者沒辦法瞭解，那麼簡報毫無價值。再出色的提案，如果沒辦法讓聽講者產生興趣，下場就只有被丟進資源回收筒。以及內容的解說再怎麼符合邏輯，如果不能帶給聽講者任何利益，聽講者也只會把簡報內容當做耳邊風、無動於衷。

說明事實

由於最後的決定權在聽講者手中，因此主講者事前必須不辭辛勞地收集聽講者資料。但是光單純收集資料還不夠。如果根據資料，確定聽講者年齡層在四十歲到五十歲之間，對於這個訊息，主講者只是單純地覺得「是這樣呀」，還是照著自己的想法進行簡報。那麼一開始就根本沒必要去收集這些資料。主講者收集到這樣的訊息後，就要自問「所以該怎麼呈現提案」，而不只是單純地接收訊息。

簡報中的對應

自問「該怎麼呈現提案？」後要想辦法自答，去分析，並解釋得到的資料。就拿前述的例子，聽講者年齡層在四十歲到五十歲之間，就必須在簡報中清楚地傳達，「一起努力讓這個企劃能付諸實現」、「一起擴大營業額的規模，以及追求利潤」，努力為主題的訴求。分析所收集的情報，就是為了事先模擬出可以說服聽講者的說詞。能確實做到，所有的付出就一定有所回報。

1-12 簡報的目標

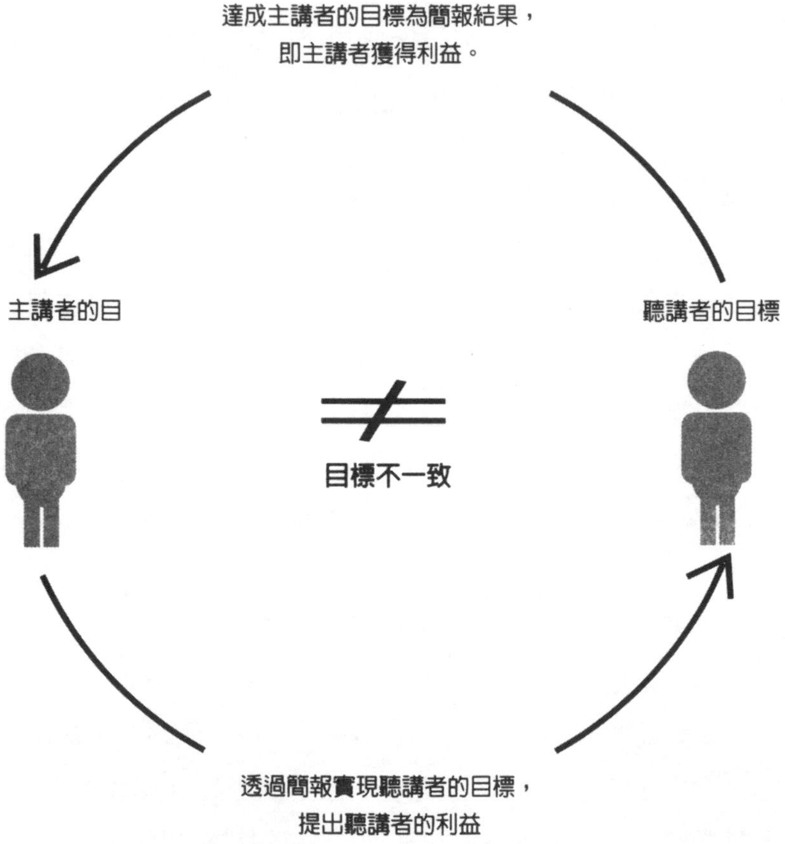
達成主講者的目標為簡報結果，
即主講者獲得利益。
主講者的目
聽講者的目標
≠
目標不一致
透過簡報實現聽講者的目標，
提出聽講者的利益

主講者的目標

接下來要談第二個「P」，目標，即簡報提案的目標。舉例來說，向顧客簡報新開發的資訊系統時，要確認這次簡報的目的是說服聽講者更換新的資訊系統。換句話說，就是要推銷商品。只要能讓顧客說出「就用這個吧！」就算達到目的。

聽講者的目標

如同前述，主講者的目標是「推銷商品」，聽講者的目標又是什麼？聽講者是為了「想被推銷商品」而來參加這次會議？除非是很特別的狀況，應該不可能。聽講者是想知道新開發的資訊系統究竟能夠提高多少業務效率，以及能夠降低多少成本等等，和本身利益息息相關的問題。這是聽講者的目的。

達成聽講者的目標

講到這裡，聰明的讀者應該注意到，主講者的目標和聽講者的目標是截然不同的。所以簡報時一定要針對聽講者有利的部分詳加說明，提案可以如何提高效率，可以節省人力，可以達成降低成本等等。能夠做到的話，簡報就一定會成功。其實，只要能說服聽講者，結果就等於達成自己的目標。

1-13 提供情報

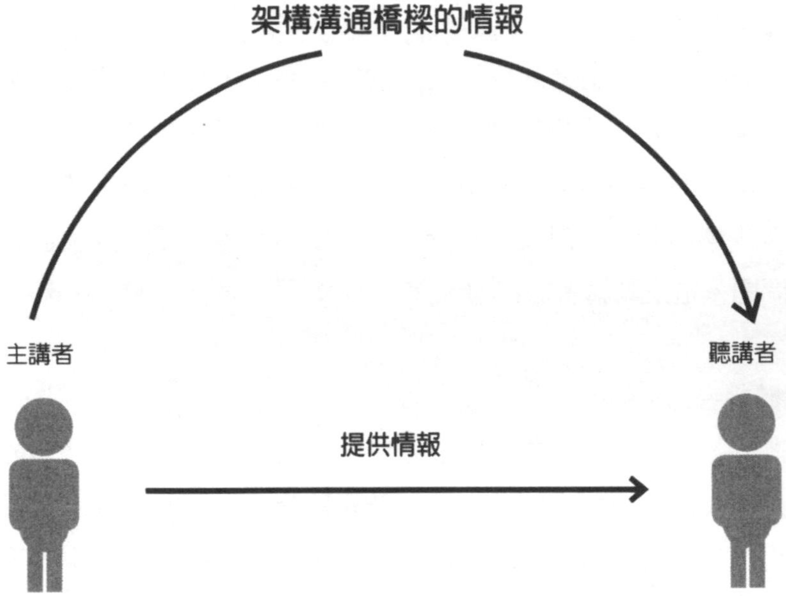

- 要確實瞭解聽講者想要知道的東西是什麼
- 和聽講者已經知道的事情能夠相互對照
- 整理、分析情報
- 利用視覺輔助效果做進一步的說明
- 不斷重覆強調讓聽講者熟悉

對聽講者有利的情報

對主講者來說，簡報最重要的就是「提供資料」。但這麼說可能讓各位讀者產生誤解，主講者或許會一廂情願地認定，聽講者想要獲得情報。不過，事實真的是這樣嗎？大部分聽講者發現簡報內容對自己有利，覺得聽一聽也無妨。如果不是，就覺得不如利用這段時間補眠還比較實在。因此主講者必須事先進行分析，找出對聽講者有利的情報。

簡述重要內容

另有一種常見的狀況就是，簡報會議開始後，只見主講者如機關槍般地講個不停，希望在有限的時間內，盡量將最多的訊息傳達給聽講者。不過這樣的簡報，當主講者做最後總結時，會場裡的聽講者通常已經倒得歪七扭八。換句話說，主講者做簡報是為了提供相關訊息，必須事先精簡所有資訊。

和聽講者之間的溝通橋梁

配合時代發展，主講者應該嘗試不使用參考資料的簡報方式，即使用再多紙張做成參考資料，也不會讓聽講者比較容易接受。準備了堆積如山的資料，想要藉以和聽講者溝通。卻讓聽講者一看到多如牛毛的資料就退避三舍。如果主講者只想陳述資料，更是讓聽講者左耳進右耳出，無法留下絲毫記憶。要讓聽講者印象深刻，提供的訊息必須和聽講者已經知道的事實能夠相互對照。

1-14 引發動機

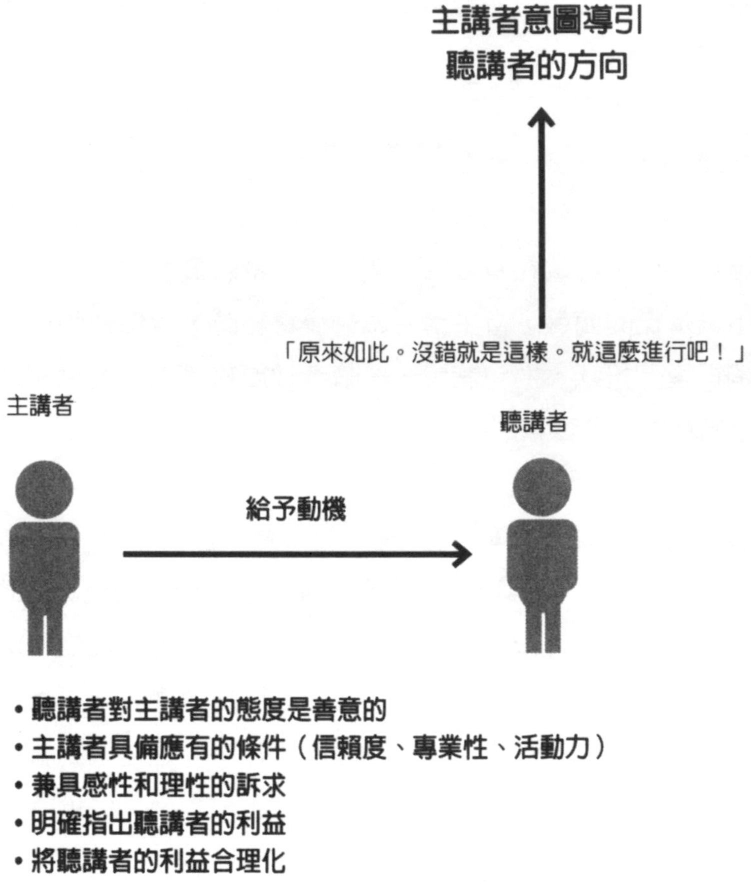

- 聽講者對主講者的態度是善意的
- 主講者具備應有的條件（信賴度、專業性、活動力）
- 兼具感性和理性的訴求
- 明確指出聽講者的利益
- 將聽講者的利益合理化

創造「共鳴」

所謂的業務會報，就是會議上用「努力吧！」等口號，引發業務員奮鬥動機的一種方式。在新進社員訓練上說明公司的經營方針，也是引發新人工作動機的方式。只要能讓聽講者產生「原來如此、沒錯就是這樣、就這麼進行吧」這種「共鳴」，主講者就成功了。

聽講者是善意的

接下來要舉的例子雖然可笑，但是現實生活上常常可以看到。管理階層面對員工，講得是熱血沸騰，口沫橫飛，並振振有詞。臺下的聽講者卻一副不耐煩的表情，心想著「又來了……」所以能成功引起聽講者興趣的簡報，先決條件就是聽講者必須懷有善意。事前分析時發現大部分的聽講者是屬於非善意的，就不必試圖去引發他們的動機。不如表演一些特殊才藝，讓自己變得比較受歡迎。

兼具感性和理性的訴求

大部分的人都深信簡報內容一定要有邏輯性，利用數據資料讓自己的論點符合邏輯。然而只訴諸理性是無法打動聽講者的。要讓聽講者感受到熱忱，才能打動他們的心。有誠意，才能獲得他們的信任。能夠兼具感性和理性的訴求，就能成功說服聽講者。只是一味地訴諸感性，只會讓自己的企劃案淪落成強迫推銷的工具。

1-15 取悅聽講者

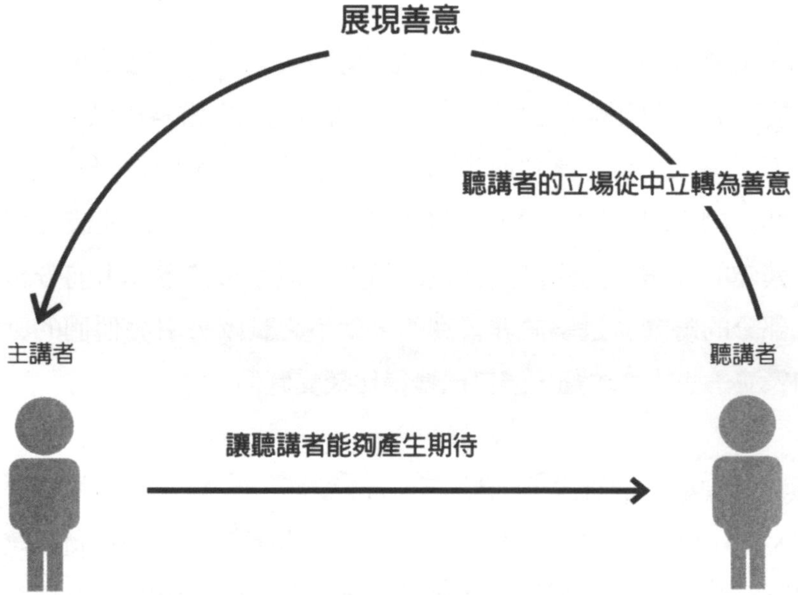

- 適度地展現詼諧以及用笑話拉近和聽講者的距離。
- 根據場地不同選擇不同的表現方式。
- 迅速果斷地判斷。
- 維持該有的風格。
- 不要過度亢奮。
- 留意聽講者的性格。
- 搞笑很可能適得其反。

想辦法逗聽講者笑

主講者不是搞笑藝人，簡報的內容只為了讓大家發笑，也就不用提案了。不過，為了緩和氣氛，讓聽講者更容易融入狀況，適時搞笑是不錯的選擇。適度的幽默可以讓快睡著的聽講者露出笑容，也可以令不耐煩的聽講者鬆開緊皺的眉頭。能讓聽講者產生期待，他們自然會展現善意。

搞笑有利有弊

一開始利用輕鬆詼諧的口吻展開簡報，接下來的遊說就簡單許多。因為現場和諧的氣氛會讓聽講者較認同主講者，對接下來的內容產生期待。這樣的狀況下，較容易感受到主講者的邏輯性，連帶對主講者引用的比喻也心有戚戚焉。一場打動人心的簡報就此順利展開。但前提是搞笑策略能成功。如果沒掌握好分寸，弄僵現場氣氛，之後的簡報中想挽回頹勢，絕對是難上加難。搞笑是把雙面刃，使用時請小心拿捏。

配合當時現場的氣氛

該如何拿捏搞笑的分寸？簡單地說，讓聽講者產生期待後，就可以在較次要的環節裡加入一些輕鬆詼諧的橋段。確定要這麼做之後，就得隨機應變，依現場反應選定一個切點，利用戲謔的內容調和氣氛。不過，可不是只有笑點就行。只把聽講者逗得哈哈大笑，但笑點卻跟簡報內容毫無關係，主講者只會被當成喜劇演員。雖然說搞笑可以讓提案容易成功，但可不是瞎胡鬧。一定要先弄清楚聽講者的好惡，再依據現場的整體氣氛，選擇合適的素材，才不會弄巧成拙。

1-16 採取多種遊說手法

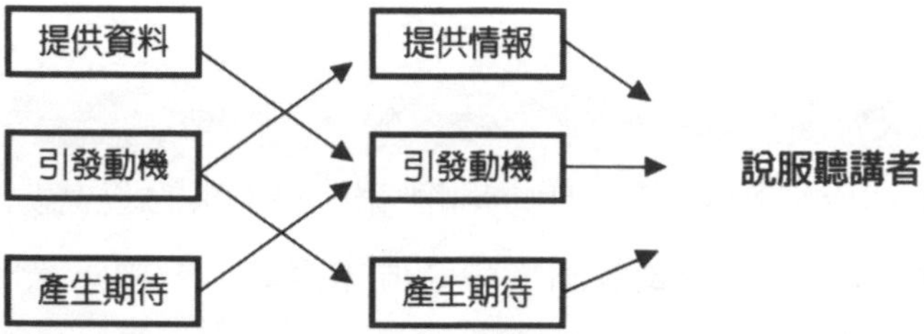

要素	比重
1. 提供情報	%
2. 引發動機	%
3. 產生期待	%
合計	100%

簡報構成要素的比重

簡報訊息過多

為說服聽講者，主講者必須提供情報。主講者通常會提供技術性資訊及展示產品情報，以說明市場狀況。並利用數字和圖表解釋艱澀的數學式。整場簡報看似平順地結束，聽講者卻好像是歷經一場教學節目。聽講者對於這種枯燥的簡報都會退避三舍，會出席也只因礙於人情捧場了事。

多種遊說手法

正如前述，整場簡報像教學節目時，就很難說服聽講者。另外，只單純地提供參考資料，將使聽講者覺得不須聽簡報，自己看資料即可。所以簡報的時候要提供聽講者有用的情報，讓聽講者產生期待，才能引發他們的動機。引發動機之後，才有機會說服聽講者。同時並用多種遊說手法，絕對是必要的。

比重分析

簡報由數個不同要素組成，提案前要審視分析這些要素的比重如何分配，才能成功說服聽講者。比方說如此分配，情報提供占百分之六十；使聽講者產生期待占百分之十；引發動機占百分之三十等等。分析要素後順利的分配，主講者可以很清楚地知道如何進行簡報。

1-17 舒適的環境

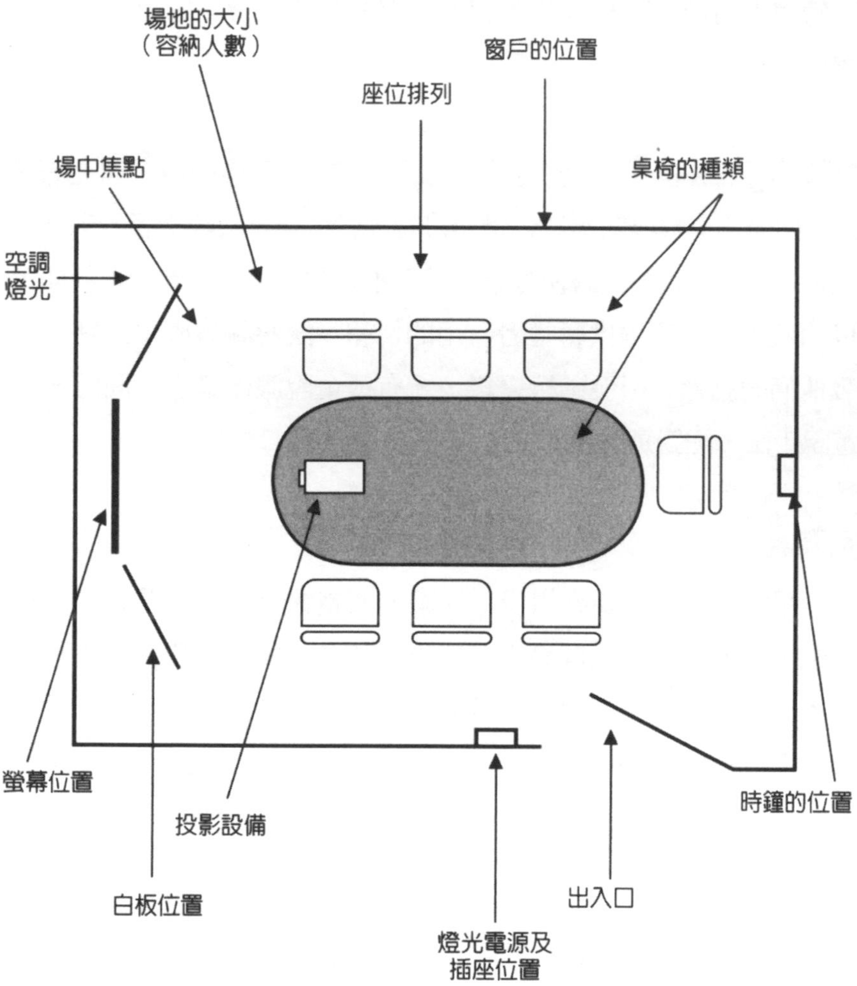
場地的大小
（容納人數）
窗戶的位置
座位排列
場中焦點
桌椅的種類
空調
燈光
螢幕位置
投影設備
白板位置
時鐘的位置
出入口
燈光電源及
插座位置

不要小看場地分析

最後要談的是第三個「P」，所謂的「場地分析」。簡報之前沒有先做場地分析，可能會遇到棘手的突發狀況。像是在大樓中迷路找不到地方；臨時碰上大塞車；搞不清是哪一個會議室；進了會場才發現空氣很差；陰暗的燈光讓場地感覺冷颼颼的；待修的日光燈一閃一滅；座椅吱吱響；講桌晃動不穩……全因為沒有事前確認，而沒有其他備案，就只能忍受現場的所有缺陷，將就著進行簡報。

最差的簡報場地

就算主講者可以容忍這些突發狀況，但對聽講者而言是很糟糕的經驗。如果聽講者踴躍參加，簡報會場卻很狹窄，那麼多人擠在一起容易產生爭執。相反的，稀稀落落的聽講者被安排在超大會議室聽簡報，反而讓聽講者坐立不安。此外，會場溫度無法維持恆溫，聽講者很快就會因為溫度變化而無法集中注意力。還有聽講者只看得到一半的螢幕畫面，或因麥克風收音不佳，聽不到主講者的聲音，甚至隔壁施工的噪音嚴重影響簡報進行。在上述狀況中所進行的簡報，不會有人想去聽吧！

事先確認場地配備

主講者必須設身處地為聽講者著想，事先確認場地配備。簡報會場讓聽講者覺得很舒適，也會使得簡報的說服力倍增。因此事前的場地分析是絕對必要的。主講者務必親自到場確認，甚至現場進行走位；架設投影設備以及先做預演。這樣一來，可讓簡報立於不敗之地。

1-18 製作檢查總表

場地分析檢查總表

1. **簡報會場**
   - ☐ 場地名稱
   - ☐ 地址、聯絡電話
   - ☐ 交通指引、所需要的時間
   - ☐ 場地設備負責聯絡人

   ……

2. **簡報場地**
   - ☐ 場地的用途（使用型態）
   - ☐ 場地的大小（容納人數）
   - ☐ 燈光、空調
   - ☐ 窗、門的位置
   - ☐ 桌、椅（種類、數量）
   - ☐ 燈光總開關的位置
   - ☐ 電源插座的位置
   - ☐ 時鐘的位置
   - ☐ 講台、小舞台
   - ☐ 廁所、休息空間、緊急逃生路線

   ……

3. **機器、設備、**
   - ☐ 白板（種類、大小、數量）
   - ☐ 大字報
   - ☐ 麥克風 ／ 喇叭（種類、位置）
   - ☐ 螢幕（種類、大小、數量）
   - ☐ 電腦（種類、規格、數量）
   - ☐ 監控器（種類、大小、數量）
   - ☐ 投影機（種類、規格）
   - ☐ 影像裝置（錄音設備、照相機、監控器、電視）
   - ☐ 各種訊號線

   ……

位置

簡報在公司以外的地方進行，一定要先到場確認相關事宜。要確認的項目包括：場地名稱、地址、聯絡電話、場地設備、負責聯絡人等等。還得事先規劃交通指引，以及計算行車時間。也許讀者會覺得不用做到這種地步，不過，碰上突發狀況時，就只能眼睜睜看著時間流逝而無法應變。主講者被貼上遲到者的標籤，就算接下來怎麼努力，聽講者能聽得進去部分內容就很不錯了。

環境

確認會場的位置之後，得再就環境做更進一步的調查，例如：容納人數、場地的用途、燈光、空調、窗戶、門的位置、椅子、桌子等等。尤其是容納人數，千萬不能以室內最多容納人數為基準。一個舒適的簡報環境，最恰當的容量應不超過最多容納人數的一半。場地的用途也非常重要。如果是專用的會議場地就沒有問題。但如果是宴會用的，很容易讓聽講者以參加宴會的心情出席。

視覺輔助器材

主講者打算使用視覺輔助器材做簡報時，必須先確認各種影像裝置能正常運作。使用這些影像器材的同時是有一定風險的。有可能發生器材故障、訊號線接觸不良、影像無法顯示或收音不全，更慘的是因為主講者太慌亂被線絆倒。但只要事先做好萬全準備，視覺化將產生極大的效果。

1-19 座位的排列技巧

X 單向傳達的簡報

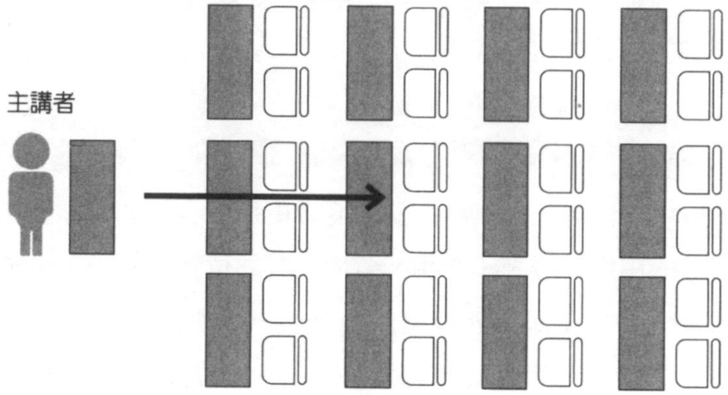

O 雙向交流的簡報

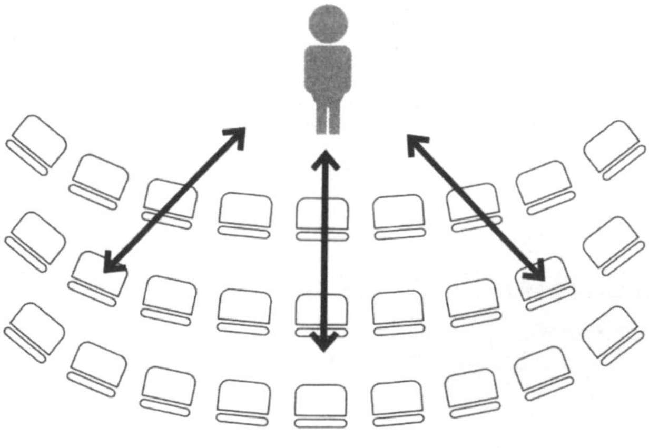

與聽講者保持距離

簡報的說服力常受到主講者和聽講者的距離所影響，別忽視這個道理。距離太遠，聽講者會因為太過放鬆而無法集中注意力。距離越近，會使得聽講者覺得氣氛緊張，而提高注意力。如果聽眾席的排列像教室，坐在最後面的聽講者很容易聽到一半而睡著。

雙向交流

簡報不只是單方向傳達訊息，這是天大的誤解。簡報成功地達到雙向交流，提案的說服力會大幅提升。聽講者有疑問時可以立即提問，主講者也可以馬上加以說明解釋。聽講者能在沒有任何壓力的狀況下，繼續聆聽簡報，主講者也可以利用這樣的模式繼續進行，最後就能完成預定的交流目標。所以會場的位置排列最好能有利於進行雙向交流。

試坐聽眾席

確定會場的座位排列之後，主講者應該試著坐在聽眾席，從聽眾的角度確認簡報場地的環境。能不能看得到視覺輔助器材、有沒有被擋住的視線死角、文字和圖片的大小是否恰當、燈光會不會太亮、現場冷氣會不會太強、以及聽眾席的位置夠不夠寬敞等等。

1-20 最適當的簡報位置

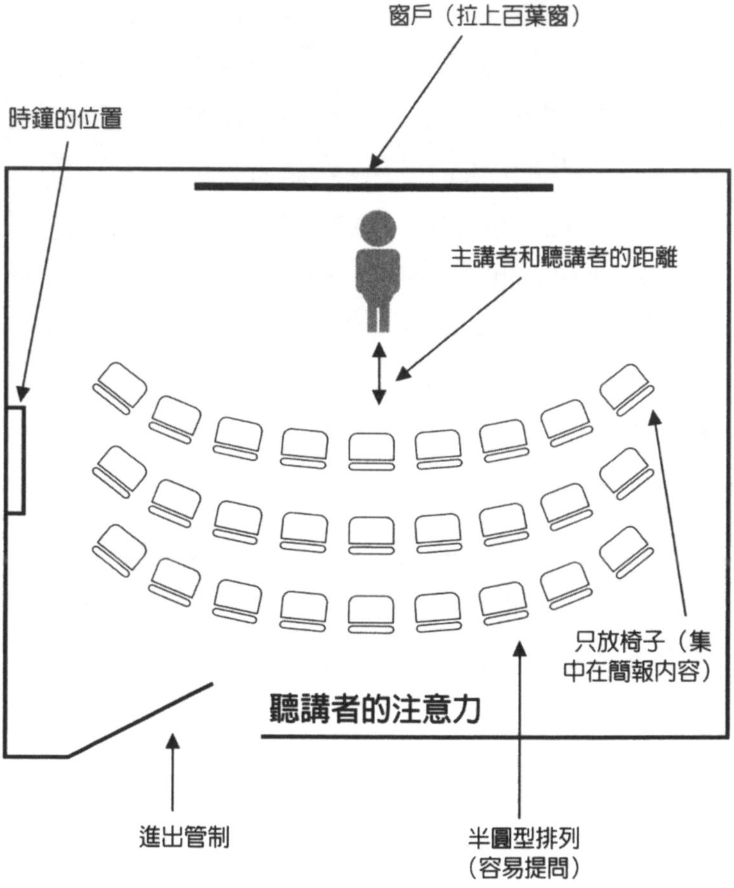

聽講者的注意力

規劃會場的座位排列時，最重要的就是考慮「不分散聽講者的注意力」。出入口若在聽講者的視線範圍內，有人不經意闖入時就會擾亂聽講者的注意力。聽講者一抬頭就可以看到時鐘，就會留意起預定的結束時間。聽講者看到窗外的景色時，會因為窗外的天氣而變得心不在焉，像是突如其來的雷陣雨，使得聽講者開始煩惱自己沒帶雨傘，或是洗好的衣服還沒收等等。

站上主講位置

會場的座位排列必須考慮到不分散聽講者的注意力，決定聽眾席之後，當然也確定了主講者的位置。確認場地時，主講者站上主講位置，環視一下全場，會不會離聽眾席太近、白板是不是放得太遠而搆不到、影像器材的配置是否方便使用等等事項。

嚴格要求環境

或許會有人覺得前述要求太嚴苛，在自己公司裡要求這些還說得過去，不可能向客戶的公司要求這麼多。那麼，請問您過去是否會在仔細分析簡報會場後，會向對方提出變更的要求？如果答案是沒有，不妨從現在開始要求看看。要求在特定的場地、座位席次要按照指定的型式安排、準備器材等等。做這些要求的原因是讓您的簡報不致因場地的關係而失敗，最後自己公司吃虧。

第 **2** 章

確定腳本的架構

2-1 遊說策略的金字塔

遊說策略的金字塔

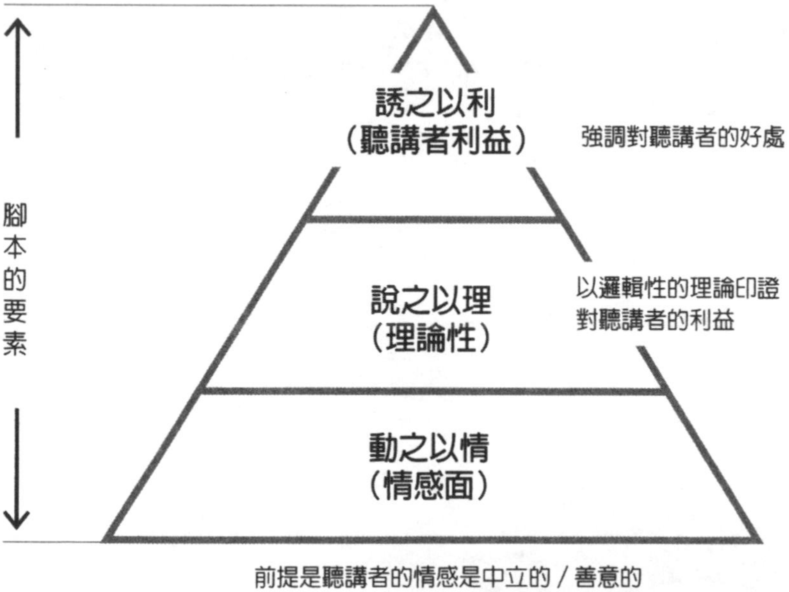

逐步實現三點要素

讀者應該已經能夠根據「3P 分析」擬定策略。接下來，就以所擬定的策略為基礎，進而構築腳本內容。為了達成說服聽講者的目標，腳本內容必須逐步地實現下列所提到的三點要素。所謂的三點要素就是「動之以情」、「說之以理」，最後是「誘之以利」——即聽講者的利益。

前提為聽講者的情感

假如主講者和聽講者之間有情感方面的牽扯，也許是聽講者討厭這個主講者，還是過去雙方曾有什麼過節，或是主講者本身人際關係不好。聽講者心裡有疙瘩，那就什麼也不用談了。就算簡報內容再有道理也沒用，因為聽講者連聽的意願都沒有。

聽講者的利益

「相反的，主講者和聽講者之間沒有情感方面的牽扯，而且聽講者的情感是中立或是善意的，他們自然會願意傾聽。只是無法為聽講者帶來利益時，會出現「聽來不錯，但執行上是另一回事」的反應，聽講者很快就會將簡報內容拋到腦後。因此要強調對聽講者的好處，並以邏輯性的理論加以印證。想構築有說服力的腳本，就必須包括這三點要素，依照不同的需求調整三者比重。覺得簡報內容欠缺說服力時，請重新檢視內容中究竟少了哪一項要素。

2-2 確定結論

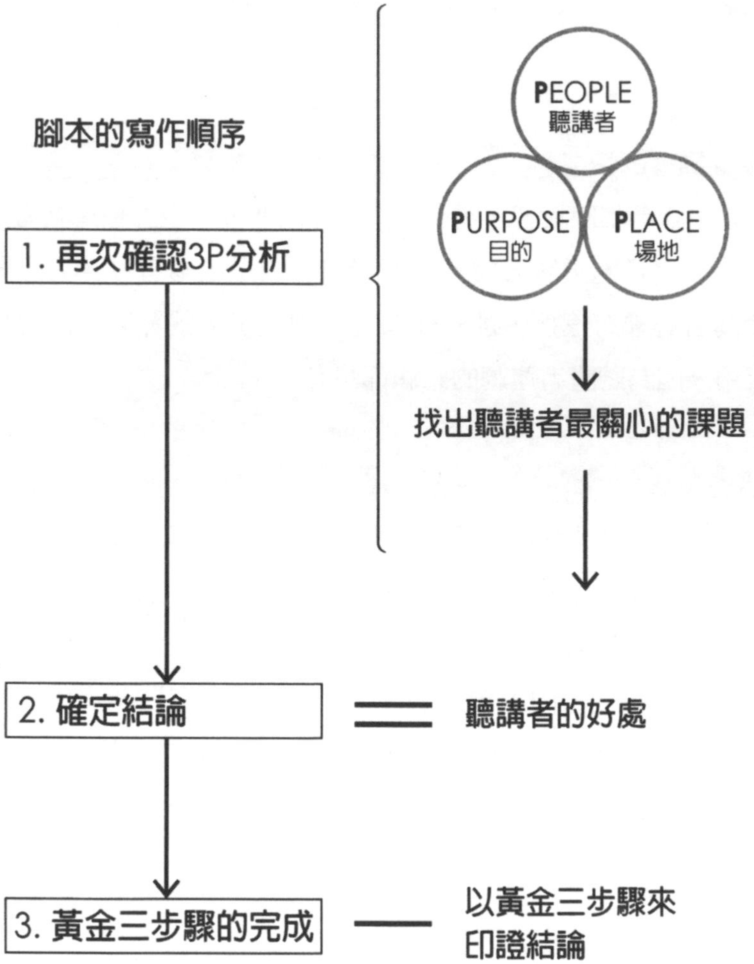
腳本的寫作順序
1. 再次確認3P分析
PEOPLE 聽講者
PURPOSE 目的
PLACE 場地
找出聽講者最關心的課題
2. 確定結論
聽講者的好處
3. 黃金三步驟的完成
以黃金三步驟來印證結論

再次分析 3P 分析

接著，依照寫作順序著手構築腳本。順序是：（1）再次確認 3P 分析、（2）確定結論、（3）完成黃金三步驟。很多人此時常犯一個錯誤，構築腳本時把之前的 3P 分析放一邊，依照自己想陳述的內容，及自己想表現的方式撰寫腳本。這樣一來，完成的腳本根本沒辦法用。因為簡報一定以聽講者為主，撰寫腳本之前，請再次確認之前 3P 分析的結果。

聽講者的好處

再次確認 3P 分析的結果之後，定義簡報的結論為何。很多主講者被問到「簡報的目標為何」時，會回答：「要推銷自己公司的產品。」但是這只是主講者的「個人目標」，不是聽講者的目標，也不是簡報的結論。簡報的真正結論應該是，聽講者能得到的好處。

確定結論

經過 3P 分析之後，發現聽講者最需要解決的課題是「迅速對索賠做出回應。」主講者為了解決課題，提出企劃案，聽講者若能採納提案，就能在最短的時間內回應顧客的要求，大幅提升顧客滿意度。「大幅提升顧客滿意度」就是聽講者的好處，也是企劃簡報的結論。而且主講者要引用邏輯性的理論加以印證。推銷提案不會是結論的重點。

2-3 確立腳本架構

黃金三步驟的腳本

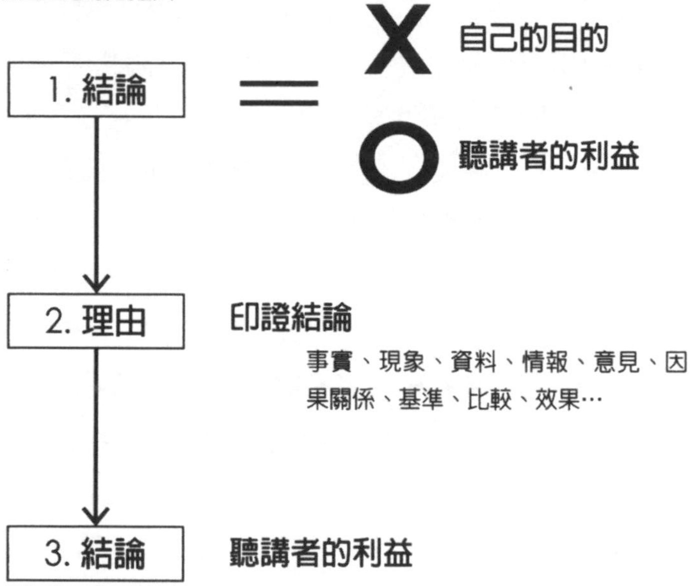

歸納出三步驟

要談腳本的架構，必須先歸納簡報的黃金三步驟。因為大部分的理論基本上都是由三個步驟所構成的。演繹法（以一個論點或想法為本，找出各種事實證明該論點或想法是正確的）、歸納法（以某一特定研究為目標，收集許多資料，經過仔細地觀察，正確而合理地解釋，然後將資料系統化，形成結論）、三段式論法（註 1）、辯證法（註 2）都是由三個步驟所構成的。這個數字亦有安定的意味，不管什麼理論，只要不超過三個項目，聽眾就不容易忘記。此外，一開始就告訴大家，「本次提案的特徵一共有三個」，很多聽講者會較有興趣知道，這三個特徵的細節究竟是什麼。

從結論出發

黃金三步驟的第一個步驟就是「結論」，簡報要從結論開始講起。很多人簡報時先描述冗長的背景，再說明原委，講得滔滔不絕。聽講者碰到這樣的簡報，多少會抓狂到想對講臺扔石頭，叫臺上的人「直接講結論」。成功的簡報，不該讓聽講者感到壓力。所以主講者必須從聽講者最想知道的部分切入，也就是從結論開始談。當然，這個結論要對聽講者有好處。

印證結論

主講者一開始就提出結論後，聽講者一定會產生疑問。主講者開宗明義表示「能夠強化貴公司的銷售能力，大幅提升營業額」時，聽講者一定滿腔疑惑。主講者接著就說明所持論點的「理由」，並以邏輯性的理論加以印證。聽講者自然會心服口服。最後，在簡報的結語時再次陳述「結論」作頭尾呼應。這樣的腳本才有說服力。

2-4 添加內容

1. 開場白

動之以情
- 1. 向主持人致意
- 2. 問候聽眾
- 3. 自我介紹
- 4. 歡迎大家蒞臨指教

說之以理
- 5. 背景說明
- 6. 陳述結論 ← 好處
- 7. 執行流程

2. 主體

說之以理
- I. ....
- II. ....
- 執行流程
- III. ....

3. 總結

說之以理
- 1. 摘要
- 2. 結論
- 3. 接續下一個步驟

4. 寒暄 ← 動之以情

大綱

確立腳本三步驟後，開始添加內容，並調整表現方式。正如前述，開場白時就要陳述結論，整場簡報的「主體」是說明理由。然後「總結」時再次陳述結論加深印象。簡單來說，只要把整個簡報內容的三部分，構成主體部分的三個步驟，製作出索引樹做為提示，簡報大綱就算是完成了。主講者接下來要做的是，依據大綱添加簡報的內容。

演說綱要

讀者可能會有疑問，就是主講者以什麼為演說綱要才能進行簡報。有人會覺得根據幻燈片上的內容照念，或是根據分發的講義逐頁解說。如此一來，主講者和聽講者的視線不可能交會，連帶會降低簡報的說服力，這是非常可惜的。所以請記得演說的綱要就是簡報整體的大綱。

以大綱做簡報

許多人做簡報的時候最害怕忘詞，一忘詞就慌了手腳，整場簡報陷入無法挽救的悲劇下場。有不少主講者為了避免這種情況，而死背簡報的內容。不過，很遺憾的是，忘詞情況還是常常發生。真正能避免發生忘詞狀況的最好辦法，不是背下整篇內容，而是將簡報大綱刻在腦海裡，既省去死背的工夫，也不會忘掉該講什麼內容。做到這一步，就可以讓自己避免成為忘詞的悲劇主角。

2-5 從開場白開始

1. 開場白

1. 向主席致意

- 事先一定要再度確認主席的姓名
- 向主席致謝

例：「多謝主席介紹」

2. 問候聽眾

- 表示簡報將要展開的信號

例：「各位現場的朋友大家早」

3. 自我介紹

- 自述主講者的來歷

例：「我是行銷業務部的○○○」
「我是專案經理○○○」
「我是系統工程師○○○」

※如果是由整個團隊來做簡報，就要介紹其他成員。

例：「首先要介紹的這位，是這次擔任企劃的○○○」
「接下來這位是負責技術開發的○○○」

向主持人致意

簡報流程的第一步是開場白，主持人介紹主講者出場後，主講者才會出現在聽眾面前。所以主講者在上臺之後，首先跟主持人致謝：「多謝主持人的介紹」，讓聽眾覺得主講者真有禮貌而留下好印象。主講者要搞清楚究竟是誰介紹自己？介紹的人是誰？一定要確認對方的姓名與職稱。

問候聽眾

向主持人表達謝意之後，接著問候現場的聽眾。千萬不要小看「大家早安」這句問候語。因為見面三分情，藉著問候打招呼，暗示聽講者自己要開始進行簡報。開場的問候千萬不能輕忽。也有人一上臺，連個問候語都沒有，開口就是「首先要強調的是……」，切入簡報的主題，讓臺下的人措手不及。畢竟凡事都應該「以禮開始，以禮終結」，建議大家不要違反常理，確實問候聽講者。

自我介紹

有時候沒有主持人，主講者在沒有人介紹出場的狀況下自己站上講臺，就得來段自我介紹。主講者不是準備從政，不用像選舉宣傳般地一直提示自己的姓名。這裡所說的自我介紹，目的是讓臺下的聽講者知道為什麼由這位主講者來做簡報，以及這是本次簡報的不二人選就夠了。這場簡報如果是由一個團隊來負責，可以利用這個時機介紹其他成員。

2-6 明確表達歡迎之意

1. 開場白

1. 向主持人致意
2. 問候聽眾
3. 自我介紹
4. 歡迎大家蒞臨指教

特別留意3P

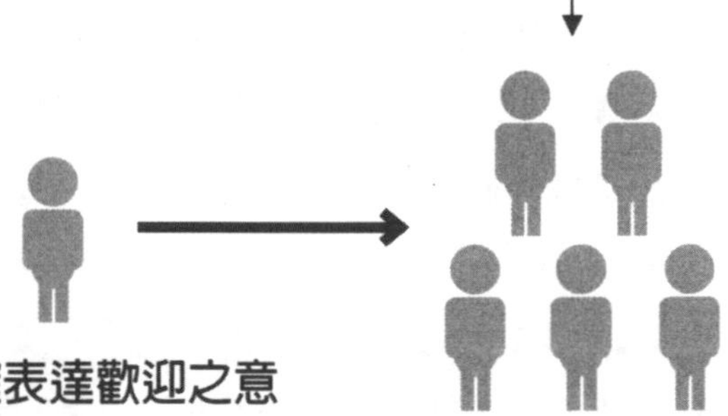

明確表達歡迎之意

例：「今天，有這個機會在這裡做簡報，內心是充滿感謝」
「大家蒞臨指教，非常感謝」
「感謝大家在百忙之中，撥冗蒞臨」
「今天好不容易大家齊聚一堂，卻要談這樣的話題，實在是令人遺憾…」

順利圓滿的溝通

表達謝意

主講者有機會在眾人面前提案，應該是熱血沸騰，躍躍欲試。因為在此之前，不知道已拜訪過客戶多少次，每次都被拒絕。有一天，情況卻改變了，客戶居然說：「既然如此，提個案子來看看吧！」可說是千載難逢的好機會。過去所有的努力都是值得的。所以記得在開場時毫不保留地傳達喜悅給在場所有聽講者：「今天有這個機會在這裡做簡報，內心真是充滿感謝。」

潤滑劑

有一天，老闆突然要求，下次的會議時，主講者針對新的企劃做簡報。事實上，心裡根本不想做，但是簡報的時候還是得說：「感謝大家在百忙之中，撥冗蒞臨」，或是心裡其實緊張得要命想臨陣脫逃，還是要說：「能夠有機會站在這裡，實在是我的榮幸。」比較不會有人對簡報反感而吹毛求疵，歡迎的熱忱是主講者和聽講者之間的潤滑劑。

事前分析 3P

這種歡迎之意不能套用公式，要考慮諸多前提。當公司要針對裁員計劃做說明時，可千萬不能說：「這個企劃是公司所期待的……」。至少該說：「今天大家難得齊聚一堂，卻要談這樣的話題，實在是令人遺憾……」調和現場的氣氛。所以確認 3P 加以分析，決定合適的歡迎詞。

2-7 簡報的背景說明

1. 開場白

1. 向主持人致意

2. 問候聽眾

3. 自我介紹

4. 歡迎大家蒞臨指教

5. 背景說明

✕ 作簡報的原委

○ 結論的背景 ⟶ 預想聽講者的疑問

例：「該如何解決貴公司所面臨的問題呢？」

6. 陳述結論

⋮

結論的背景

表示歡迎之意後，就該說明「背景」。多數主講者會再來段客套話：「前些時候，貴公司要求敝公司，針對所開發的新產品做說明，在接收到這個訊息後，敝公司做了一番慎重檢討……」容易讓聽講者覺得該省略這些瑣碎的話，期待先進入下一個階段。開場白的「背景說明」，不是指說明決定做簡報的過程。而是說明接下來所要提出之「結論」的背景。

引起問題意識

主講者不能只是單純地說出結論。比方說，表示歡迎之意後，就說出一句：「本提案可以降低百分之十五的成本。」不管對誰來說，都相當突兀。背景的說明要能引起聽講者的問題意識。主講者可以說：「貴公司正面臨降低生產線成本的課題將如何實現……」讓聽講者開始意識問題：「是呀！要怎麼做才好呢……」之後再提出簡報的結論。

「導引」和「推演」的結構

聽講者意識到問題後，主講者就有機會陳述結論：「如果導入敝公司所開發的設備，就可以降低百分之十五的成本。」簡單來說，就是將聽講者導引到設定的軌道上，再推演出預設的結論。建立所謂的「導引」和「推演」的結構。做到這點，簡報的結論將更有說服力，越容易被聽講者所採納。

2-8 陳述結論

1. 開場白

1. 向主持人致意
2. 問候聽眾
3. 自我介紹
4. 歡迎大家蒞臨指教
5. 背景說明
6. 陳述結論

說之以理 ⟷ 說明不足 跳躍性思考 理論不連貫

O 以聽講者為主詞的陳述方式

例：「貴公司…」「在場的各位先進…」「您…」

X 以主講者為主詞的陳述方式

例：「我們公司…」「我們一起…」「我…」

⋮

邏輯一致

背景和結論不符合邏輯，就會引起聽講者混淆。比方說，一開始說明簡報背景時提出，「流通成本的降低，對貴公司來說是當務之急」，卻陳述結論為「能夠讓研究開發更有效率。」讓人搞不清楚究竟要說什麼，在主講者的腦袋裡，或許這些是相關聯的，但是沒有說清楚前因後果，讓人覺得主講者思考模式跳來跳去，理論前後不連貫。會讓聽講者覺得主講者在這場簡報裡只是臨時想到什麼就說什麼。

以聽講者為主

此外，敘述結論應該以聽講者為主詞，「貴公司可以因此獲得……」，「可以讓在場各位先進得到的益處是……」，或是「貴部門可以更有效率」等等。可以讓自己的結論更具有說服力。絕對不可以用以主講者為主詞作描述，「敝公司會……」，「我們公司的產品……」，或者是「我們一起……」等等，就算是口誤也不行。

宣示結論

如果主講者不能果斷地陳述結論，含糊地向聽講者描述：「銷售量，是呀！能不能提升？這個嘛，我想應該可以啦，但是……，不是的，應該沒問題。也許……」沒有一個聽講者會被說服的。一定要非常果斷地宣示：「銷售量一定能提高。」如果沒辦法如此宣示，那麼不只是簡報會有問題，對工作的態度也有問題。

2-9 簡報的流程

1. 開場白

1. 開場白

1. 向主持人致意

2. 問候聽衆

3. 自我介紹

4. 歡迎大家蒞臨指教

5. 背景說明

6. 陳述結論

7. 執行流程
   - 說明簡報內容的條理
   - 說明簡報內容的全貌

主體的項目以I,II,III表示。

例：「那麼，為什麼能夠提高競爭優勢？
理由有三。
第一是…、第二的理由是…、然後第三的理由是…」

2. 主體

⋮

說明條理

主講者開場之後一想到什麼就說什麼，說個不停反而讓聽講者覺得不安，不知道「簡報到底要持續到什麼時候？」，就像搭上一班不知道目的地的班機一樣，令人不知所措。簡報也是一樣，主講者在開場白後，要提示整場簡報的流程。就像書本中的目錄一樣，整場簡報一開始要說什麼，接下來要做什麼，最後要怎麼總結，清楚地說明簡報內容的條理。

分三個項目說明

主講者若已先提出，「貴公司採用這個系統，就一定能夠提高競爭優勢」的結論後，接下來就是說明主體的流程。可以採用這樣的說法：「那麼，為什麼能夠提高競爭優勢？理由有三。首先，第一個理由是……，第二個理由是……，然後第三個理由是……。」

說明全貌

陳述結論之後，要怎麼印證結論，主講者說明簡報的全貌。沒有介紹全貌，就開始鉅細靡遺地陳述細節，聽講者只能掌握片斷的內容。有可能造成誤解。搞不好最後會導致聽講者做出否定的決議。因為簡報的目的是說服聽講者接受提案，所以主講者一開始就要介紹簡報全貌，然後再進入詳細說明的內容。

2-10 製作索引樹

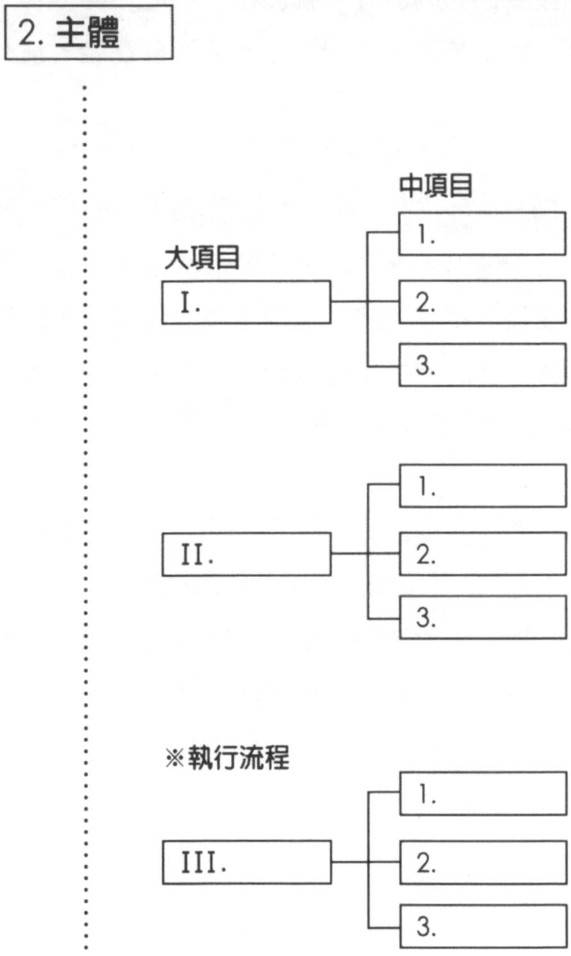

取得共識

結束開場白後，簡報進入所謂的主體階段，主體最重要的任務就是印證結論。不可能主講者陳述結論後聽講者就簽字同意，現實生活上沒有這麼便宜的事，聽講者會問主講者「為什麼？」，甚至懷疑內容的真實性，並不斷地產生其他疑問。主講者要以邏輯性的理論印證結論，讓聽講者達成共識。

聽講者無法吸收

許多主講者事前進行 3P 分析時會收集許多的情報，包括事實相關情報、數據資料、事實現象、統計數字、可信度高的意見和理論。主講者一心想要證明自己的理論正確，進而丟出一大堆資料給聽講者。雖然這是主講者的簡報表現方式，卻因為提出的資料太多，聽講者根本無法消化，反而對簡報內容的接受度造成負面效果。

索引樹

所以為了避免讓聽講者無法消化，應該將簡報內容分類，依照前述的黃金三步驟，主要分為三大段。然後根據每一個大段落的內容需求，細分為三個中段落，必要的話可以再將每一個中段落細分為三個小段落。根據段落整理所需的相關情報，製作索引樹。實際做簡報的時候，就根據索引樹，進行主體的陳述。

2-11 將內容組織好

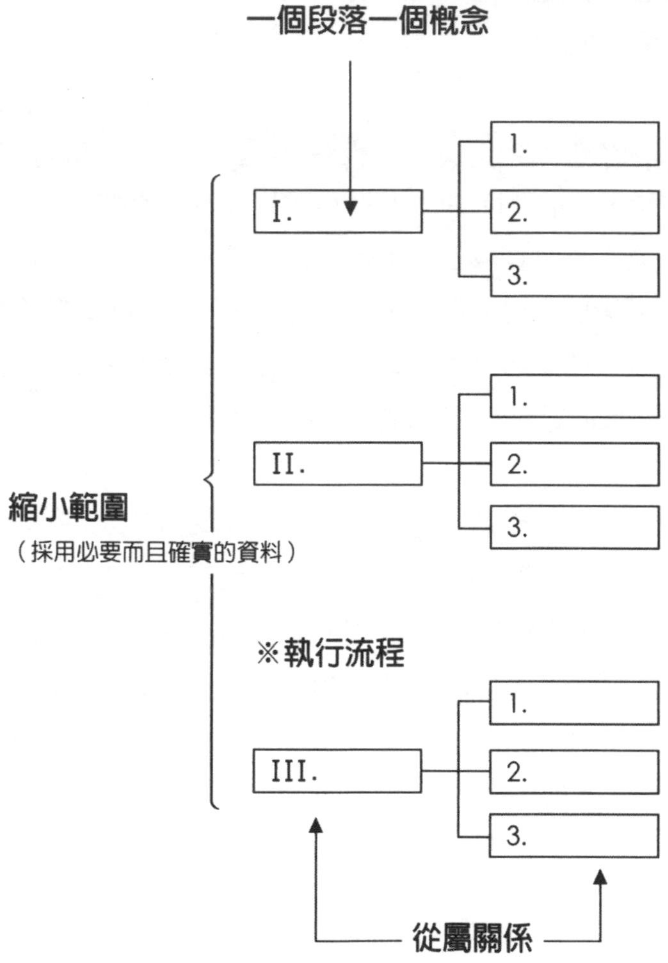

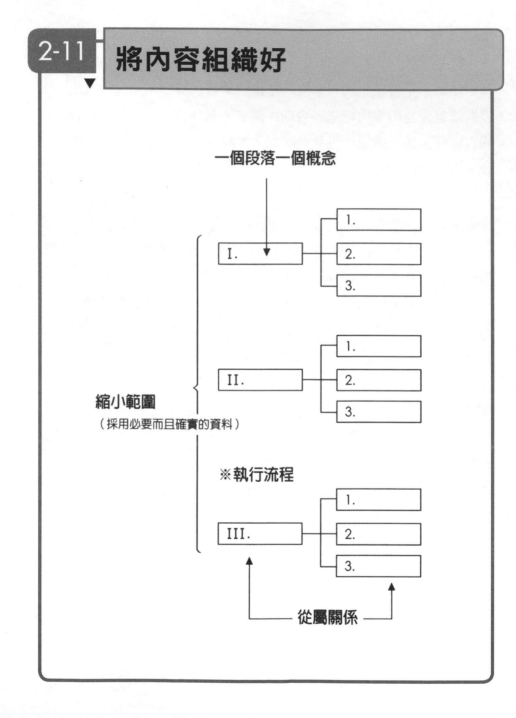

集中焦點

接下來，可以想想看，什麼樣的主體索引樹比較好。可能有人覺得自己有很多非講不可的理由，決定一股腦地分享出來，「一共有十五個理由，首先第一個是……」聽講者還沒開始進入狀況就已經覺得厭煩了。而且這麼多訊息會讓聽講者抓不到重點，所以要縮小範圍，最多列舉三個項目。集中篩選標準就是要從能印證結論，從必要且確實的情報中，找出最重要的三個項目。

一個段落一個概念

不過，主講者有時候會產生一個通病，就是過度集中焦點。主講者可能會告訴聽講者：「首先，第一個理由是，操作非常人性化、處理速度不拖泥帶水……」而這樣的訊息很容易讓聽講者混淆。一口氣提出兩種概念，反而讓聽講者一個也接收不到。一石二鳥在簡報的時候可行不通。簡報的原則是一個段落一個概念。前述的例子，因而該改成「第一個理由是操作非常人性化。」

段落之間的從屬關係

當然，每一個段落之間必須具有邏輯性。大段落之下的中段落要維持和大段落之間的從屬關係。如果大段落針對「I. 操作性」做說明，那麼中段落就應該是（1）操作介面、（2）螢幕顯示設計及（3）辨視度。有的主講者只顧著想講的內容，忽略這種前後呼應的規範，把跟大段落毫無關係的「費用和效果」當做中段落的內容，就違反了所謂三步驟的架構。

2-12 故事情節

根據時程製作的腳本

	例：
I．過去	過去的成績
II．現在	現在的狀況
III．未來	將來的展望

根據地理環境製作的腳本

I．地區 ①	亞洲地區
II．現在 ②	歐洲地區
III．未來 ③	美洲地區

以階段區分的腳本

I．階段（1）	導入階段
II．現在（2）	實施階段
III．未來（3）	驗證階段

時間發展

聽簡報的過程中，內容裡的其他事物干擾了聽講者，等於是打斷聽講者的思緒。主講者只須行雲流水地進行簡報，聽講者自然被簡報內容帶領著直達最終目的地。介紹自己的公司時，不妨試著將內容分為I. 過去、II. 現在、III. 未來。隨著內容情節的時光變遷，聽講者就在不自覺中融入公司設定的「將來」。

地理環境

如果要強調自己公司的長處是世界各地皆有網路據點，可以按照地理環境分類。將自己公司在全球的據點分出三大區域，把大段落區分為I. 亞洲、II. 歐洲、III. 美洲。再把各地區所屬的組織和人員配置，或者是服務內容當作中段落的敘述重點。這樣讓整個簡報的內容架構在空間上來說相當寬廣，也讓聽講者感覺開闊起來。

階段性區分

還有一種情況是在公司的內部會議中，提案進行組織改革的時候。主講者只是莽撞提出公司需要整體進行組織改革的建議，一定招來反對勢力的抗議而潰不成軍。碰到這樣的狀況時，可將改革計劃分成三大階段，I. 導入階段、II. 實施階段、III. 驗證階段，就減弱反對派的抵抗勢力。

2-13 善用理論

歸納法為基礎的腳本

	例：
I. 事實（1）	A社的案例
II. 事實（2）	B社的案例
III. 事實（3）	C社的案例

演繹法為基礎的腳本

I. 大前提	薪資結構與勞動意願之間的相互關係
II. 小前提	高薪勞動者的勞動意願一定會比較高
III. 結論	只要能提高薪資、勞動意願也會變高

辯證法為基礎的腳本

I. 正	對於素材的強韌度有所要求
II. 反	要求素材必須輕巧
III. 合	新素材既強韌又輕巧

歸納法

　　向大老闆提案行網路購物的事業計劃時，試試用歸納法來做簡報。首先，收集網路購物的成功案例。然後整體內容分為三大段落，案例I.A公司的狀況、II.B公司的狀況、III.C公司的狀況。從這些案例中歸納出三個公司成功的原因後，導出「網路購物事業一定會成功」的結論。對於注重成績的大老闆來說，是最有效的遊說手段。

演繹法

　　演繹法的難度比較高，但是運用得當，就一定能夠規劃出絕妙的腳本。舉個例子，如果要跟上司要求加薪，提案內容就可以分為三個步驟，大前提是：I. 說明薪資結構與勞動意願之間的相互關係；其次是小前提：II. 高薪勞動者的勞動意願一定會比較高；最後是結論：III. 只要能提高薪資、勞動意願也會變高。如此可讓老闆接受提議，員工下一季薪資將有所調漲。

辯證法

　　假設成功開發了新的素材，準備在技術開發會議上介紹。就可以用辯證法來進行。內容主要分為三大段落，正：I. 對於素材的強勒性有所要求；反：II. 要求素材必須輕巧；合：III. 新素材既強又輕巧。聽講者一開始聽到又正又反的意見，可能摸不著頭緒，最後聽到「合」的意見時，馬上舉解除這些矛盾。這是相當具有戲劇性的腳本。

2-14 強調邏輯性

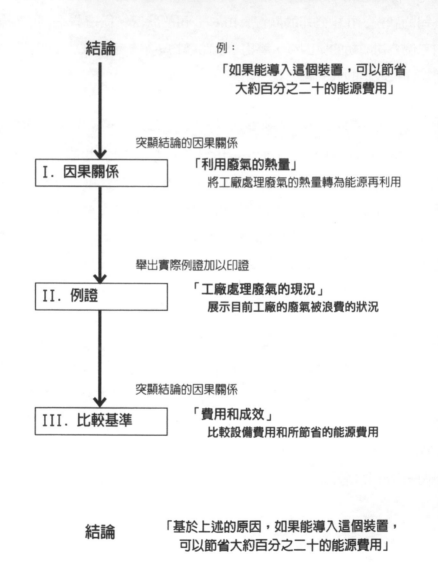

結論

例：

「如果能導入這個裝置，可以節省大約百分之二十的能源費用」

突顯結論的因果關係

I. 因果關係

「利用廢氣的熱量」
將工廠處理廢氣的熱量轉為能源再利用

舉出實際例證加以印證

II. 例證

「工廠處理廢氣的現況」
展示目前工廠的廢氣被浪費的狀況

突顯結論的因果關係

III. 比較基準

「費用和成效」
比較設備費用和所節省的能源費用

結論

「基於上述的原因，如果能導入這個裝置，可以節省大約百分之二十的能源費用」

突顯因果關係

在此舉個可以通用的三步驟實例，讀者未來製作簡報腳本時應該可以派上用場。比方說，要在公司內部的會議上，提案導入可以節省能源的裝置。要強調的結論是，「導入這個裝置可以節省大約百分之二十的能源費用」。如同前幾節所提到，內容可分為三大部分，在第一段應該是提出利用廢氣和結論之間的因果關係。也就是陳述為什麼可以節省能源的理由。

舉出實證

只是陳述理由，就會有些聽講者被主講者說服而覺得「原來如此」。但是大部分的聽講者想知道更具體的理論。所以在接下來的段落就可以說明工廠處理廢氣的現況。具體指出目前有多少的廢氣熱量遭到浪費，如果能把這些熱量轉換成能源，能夠產生多少的輸出功率。舉出具體實例加以印證結論。

找出比較基準

如果能舉出實證來說明自己的提案和結論之間的因果關係，大部分的聽講者應該都會覺得「是這樣呀，明白了，就採用這個提案吧」。但是偶爾會出現一些沒預料到的反對派。他們可能會追問：「沒將購買設備的成本，以及維修費用和預計可以節省的電費做詳細比較，恐怕無法說是比較划算」。所以主講者要在最後一個段落說明添購設備所產生的費用和效果。只要能歸納出成本費用和效果的「比較基礎」，聽講者應該就不會反對整個提案。就很有機會成功說服聽講者。

2-15 提供解決方案

結論

例：

「改善工作規劃能減少失誤」

對問題加以定義

I. 問題

「工作上的問題」
常發生粗心的錯誤

推測問題的原因

II. 原因

「問題的原因」
員工的注意力渙散、員工的工作熱忱降低、溝通不良…

提出解決方案

III. 解決方法

「解決問題」
改善工作規劃的想法、概要、推行方式

結論

「因此，改善工作規劃能減少失誤。」

找出客戶面臨的課題

再介紹另一個可以廣泛套用的腳本架構給大家參考，所謂的「提供解決方案的腳本」。簡單地說，就是找出問題：推究其原因，再提出解決方案的模式。假設公司常常容易發生不經意的過錯，主講者必須針對這個問題做簡報，提出解決方案。在第一個大段落就得開宗明義鎖定「工作上的問題」，指出粗心失誤過多的原因。這個大段落之下的中段落就必須強調，如果不趕緊想辦法解決，就有可能演變成不可挽救的錯誤，加深大家的危機感。

推測形成原因

在第二大段落就要探討「問題的原因」，根據自己對工作崗位上所發生之問題所進行的調查結果，推測可能導致這些問題的原因。有可能是員工的注意力渙散；或是員工的工作熱忱降低；還是員工彼此之間的溝通不良所造成，就可以在這個段落中加以分類詳細說明。如果有需要，可以再根據各別分類區分小段落，列舉案例加以印證。可以讓聽講者有所警惕，提高聽講者的危機意識。

提出解決方案

當大部分聽講者都已經具有危機意識，主講者接著提供解決方案。第三個段落就該說明「如何解決問題」。在這個段落中，再分類說明解決方案的基本概念具體理論，或者是介紹執行方式。腳本能照著「問題、原因、解決」三個步驟進行簡報，聽講者一定會毫不猶豫地說：「好，就這麼做吧！」因為腳本的說服力是無庸置疑的。

2-16 活用黃金三步驟

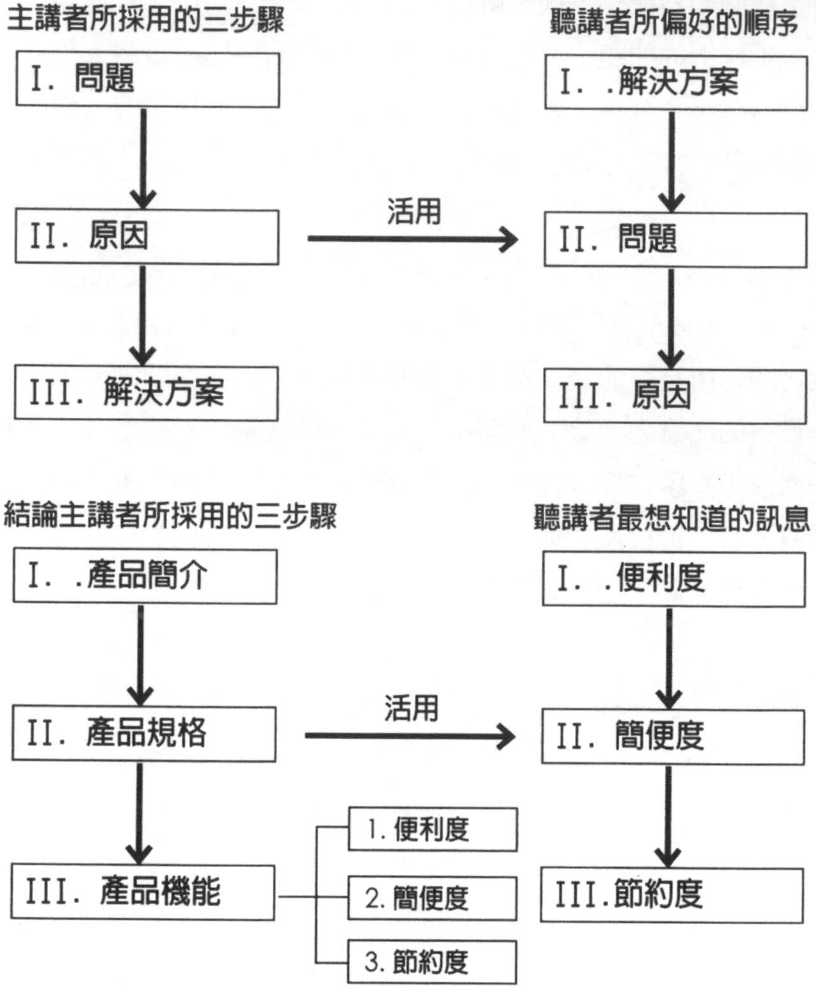
主講者所採用的三步驟
I. 問題
II. 原因
III. 解決方案
活用
聽講者所偏好的順序
I. .解決方案
II. 問題
III. 原因
結論主講者所採用的三步驟
I. .產品簡介
II. 產品規格
III. 產品機能
1. 便利度
2. 簡便度
3. 節約度
活用
聽講者最想知道的訊息
I. .便利度
II. 簡便度
III.節約度

檢視腳本內容

當主講者完成腳本的三步驟架構後，可不能覺得已經完成，而不做任何調整地呈現。發表之前，一定要再一次檢視。檢視的重點是要顧及聽講者的利益。作業的重點包括「聽講者想從哪個項目開始聽」，以及「聽講者最想聽到的內容是什麼」。

腳本的順序

如果主講者的腳本著重解決問題的架構，那麼就重新思考這樣的腳本中，要按照什麼順序說明才會讓聽講者接受。比方說，聽講者有可能對主講者所提出的問題已經有基本認識，也許他們一開始就只對解決方案相關的說明有興趣。在這種情況下，建議主講者把腳本的進行順序改為：步驟 I. 解決問題的方案、步驟 II. 工作崗位上最常面臨的問題、步驟 III. 形成問題的原因。這樣的改變也許讓很多主講者在進行簡報時變得較困難，但對聽講者而言，卻是讓他們最容易接受的方式。

最想知道的情報

介紹自己公司產品的時候，最輕鬆的模式當然是從產品簡介開始，再依序介紹產品的規格和功能。但是對聽講者來說，最想知道的卻是產品具有哪些功能，這些功能對他們有什麼好處。如果根據主講者的腳本，聽講者最想知道的東西將被最後介紹。所以不妨省略產品簡介和規格，將焦點放在「產品功能」的說明細節段落，也就是把原先規劃為中段落的內容升格為大段落，就會讓聽講者的注意力更集中在焦點上。

2-17 採取演繹法印證

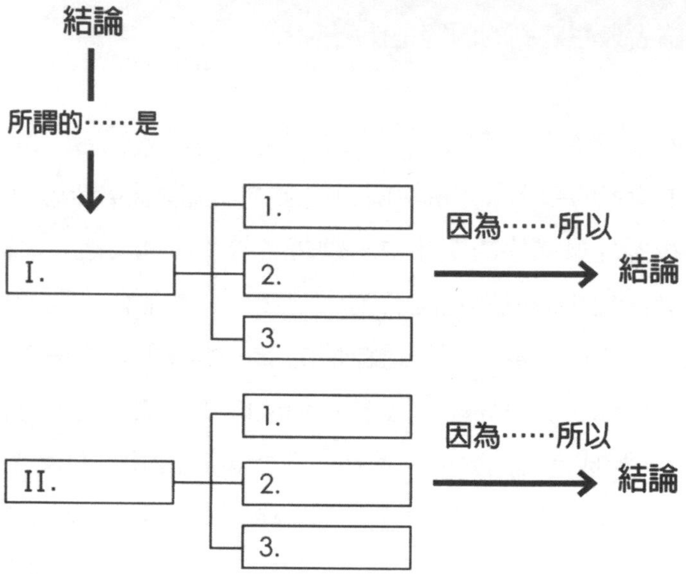

執行流程：

「到剛剛為止，第一段是…、第二段是…、那麼，究竟要怎麼樣才能實現（最先提出的結論），要看最後的第三段…」

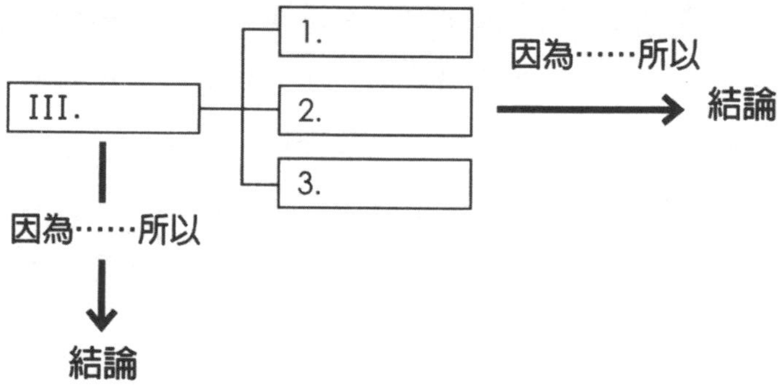

整體必須和結論相呼應

照前面幾節所敘述的，主講者在開場白就要明確提出結論，在簡報的主體中必須分段印證所提出的結論。在主體說明結束後，再度強調「正因為如此，貴公司可以達成降低生產線成本的目標。」加以呼應結論。在「正因為如此」之後，卻無法歸納出原先所提出的結論，將顯露出腳本所依據的理論不連貫。主講者最好重新檢視並修改腳本內容。

每段落都和結論相呼應

此外，前提是每個段落都要能歸納出結論，得各自和結論相呼應。主體內容分為三大段落，第一大段的重點為「導入獨力生產系統」（註3），再細分中段落加以說明原因。第一大段的結語部分可歸納出：「因為導入獨力生產系統，所以能夠達成降低生產成本的目標」，和一開始提出的結論相呼應。發現沒辦法歸納出相同的結論時，表示主講者的腳本有某個部分是矛盾的。

插入流程

聽講者很容易受外在環境變化影響，不論是多細微的變化都會分散他們的注意力。所以第二大段結束後，最好再一次說明簡報的流程提醒大家。主講者可以這麼說：「到剛剛為止，第一段是……；第二段是……，那麼究竟如何實現降低生產成本的目標，請看最後的第三段」，可以讓聽講者回想剛才所聽到的內容，再次確認結論，開始進入最後一段。簡報最重要的就是不時地喚起聽講者的注意力。

2-18 以所持論點做結論

1. 開場白

6. 陳述結論

2. 主體

3. 總結

同樣的論點

(1) 摘要

• 回顧簡報的全貌

例：「今天這場簡報主要分成三部份，第一段是…、第二段是…、最陳述方式後則是要針對…跟大家分享一下。」

(2) 結論

• 再度重申所持論點

例：「基於上述的原因，貴公司的生產線可以降低大約百分之二十的生產成本。」

(3) 後續的動作

(4) 感謝聽講者的指教

準備總結

進行完主體的三步驟的最後一步時，整場簡報亦接近尾聲。這時候不能馬上就說：「今天報告到此為止」，然後就轉身下臺。簡報就像運動，劇烈運動之後不能馬上休息，得做一些緩和動作，讓過度亢奮的身體冷靜下來。在講完令人心動的簡報內容後，要讓心情亢奮的聽講者稍微舒緩，才能替整場簡報畫下句點。這是總結的功用所在。

進行摘要

依照前述的方法歸納出簡報的黃金三步驟，展開具有邏輯性的解說過程，而聽講者也非常認真地聆聽簡報內容，遊說的工作看來是萬無一失。不過，聽講者是健忘的，所以開始總結時記得對簡報內容做重點摘要。重新回顧，「今天這場簡報主要分成三部分，第一段是……、第二段是……」可以加深聽講者的印象，能夠再一次對簡報的內容產生期待。

再度重申所持論點

將簡報的內容做重點摘要報告後，再次舉出「基於上述原因，貴公司……」的結論。當然，這裡歸納的結論務必和開場白時所提出的結論相呼應。不能在簡報過程中，產生其他不同的論點。開場白提出的結論跟總結時所歸納出來的結論，最好兩者陳述的方式都是一樣的。相同的話如果多重複幾次，容易加深聽講者的印象。

2-19 促使聽講者做決定

3. 總結

1. 摘要
2. 結論
3. 後續的動作

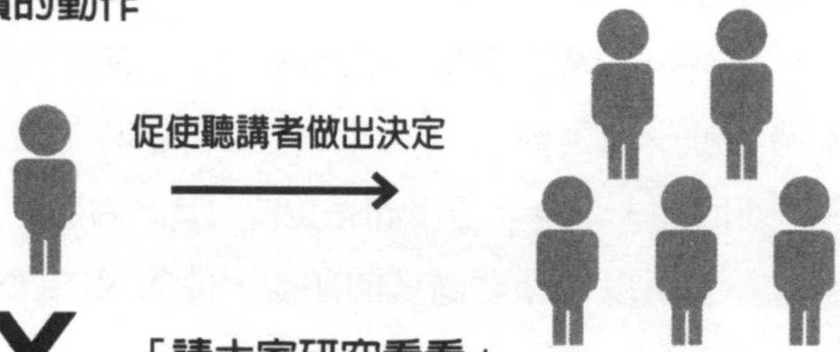

✕ 「請大家研究看看」

〇 「到這裡，大家已有決定了嗎？」
「那麼，何時可以有結論呢？」
「下週五以前可否做出決定呢？」

↓

進行後續動作

↓

4. 感謝大家的指教　　充滿感性的結語
「……在此由衷感謝。」

促使聽講者做決定

主講者重申結論後，也許有很多聽講者已經動心了，覺得可以採納這次的提案。不過，除非是非常具有決斷力的聽講者，一般聽講者很難當場就說出：「好，就這麼做吧！」如果主講者沒有給予適當的壓力，還請大家研究看看的話，聽講者也真的會跟著認為，先研究看看，不在當場做任何決定。所以主講者要說的不是「請大家研究看看」，而是「報告至此，大家已有結論了嗎？」促使聽講者做出決定。

後續動作

就算聽講者決定採用這次的提案，也還不到雀躍不已的時候。要打鐵趁熱進行後續動作。接著就提出要求：「那麼接下來可以進行合作細節方面的討論了？」如果聽講者當場沒有辦法做成決議，主講者就該追問：「那麼貴公司什麼時候可以有結論呢？」聽講者若表現得有點猶豫，不妨再進一步：「下週五以前做出決定，時間應該足夠吧。」

充滿感性的結語

後續的動作都確定了，主講者就可以進入最後的階段，以感性的結語為整場簡報畫上句點。可不要輕忽這最後的結語，這關係到聽講者是否直到最後都能記得這次簡報的內容。結語一定要充滿為聽講者設想的感性，「為了準備這次的案子，不知道熬了幾個通宵，可真是累慘了。不過，貴公司的產品能在市場上勇奪銷售冠軍，整體表現能讓在場的各位先進滿意，也就是我無上的榮耀。在這裡向各位表達由衷感謝」。

2-20 團隊共同進行簡報

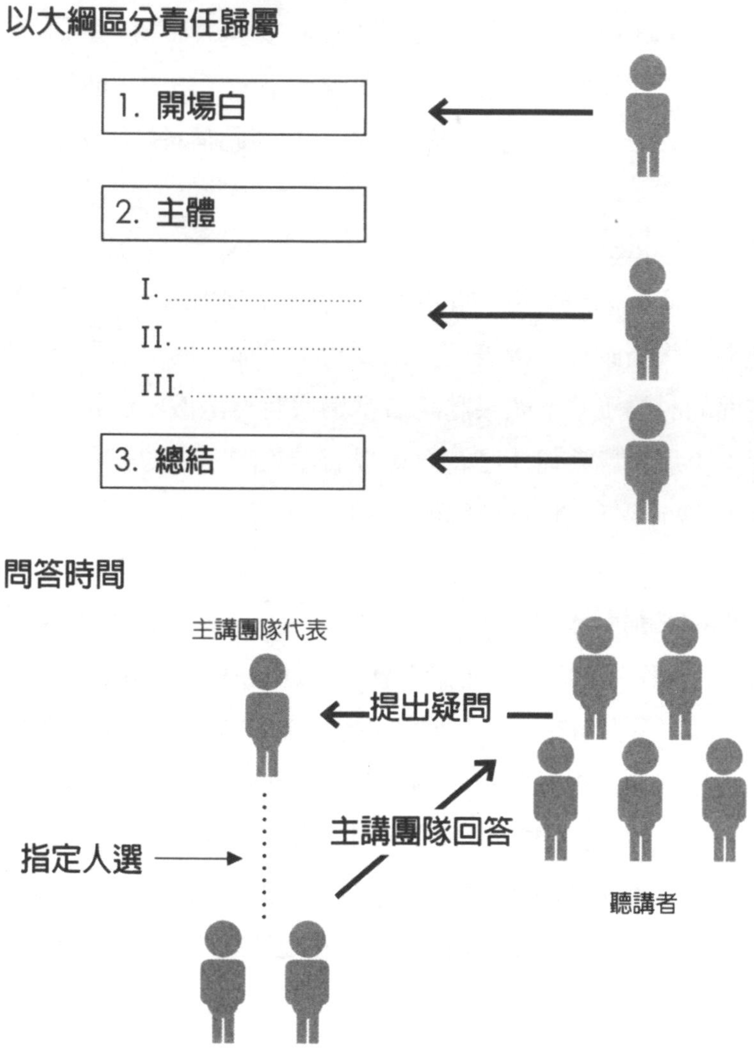

團隊的分工

相信讀者有過由以團隊形式進行提案，一起擬定計劃的類似經驗。在這樣的狀況下，大家有著共同的目標，團隊成員互相分擔責任，一起努力推動工作進度。因為是團隊完成的工作，就可能由團隊成員一同進行簡報。如果沒辦法在聽講者面前流暢地呈現簡報內容，聽講者將強程進行得拖拖拉拉，也會連帶影響到簡報的說服力。

分成三步驟

由團隊成員共同進行簡報時，就依照內容所區分的步驟，由不同的成員負責。負責開場白的成員、負責主體解說的成員、和負責總結的成員各司其職。不過，最好由同一個成員負責開場白和總結。如果團隊人數較多，當然可以將主體的三部架構由不同成員說明。但是全體人員同時站到臺上排成一排在聽講者面前，感覺會像幫派老大出巡，請選定幾個成員，由部分代表進行簡報就可以了。

回答問題

面對聽講者提問，不要任由各自負責的成員自行回答。容易發生同時好幾個人回答，而答非所問；團隊成員之間產生內鬨的場面，簡報變得沒辦法收拾。由一位團隊代表接受提問，再指定相關人員回答。對聽講者所提出的質疑能答得乾淨俐落，簡報的說服力就會大大提升。請務必好好發揮團隊合作的優勢。

註 1：以兩個提案「大前提與小前提」與「結論」進行辯論。有效的三段論法結論，必然是從兩個前提所得到的真實結論。例如，所有的人是必朽的；蘇格拉底是人；因此蘇格拉底也是必朽的。

註 2：原來是問答、對話的技術之意，尤其是為了反駁對方的主張，以對方所發的主張為前提，從此引導互相矛盾的論法。

註 3：長期以來日本的電機、精密儀器及機械等代表性產業提供廣大的勞動市場，長期深根於日本國內，但又不希望失去國際競爭力的同時，必須提高其經營的靈活性及生產的機動性等根本問題。為因應當今多變的市場需求而發展出所謂的「獨力生產系統（Cell production system or Cellular production system）」。藉此開創嶄新的企業流程管理概念，推翻了過去制式的製造流程，從而發展出富機動性、敏捷性的生產管理機制。

第 3 章
視覺輔助設計

3-1 利用視覺輔助設計

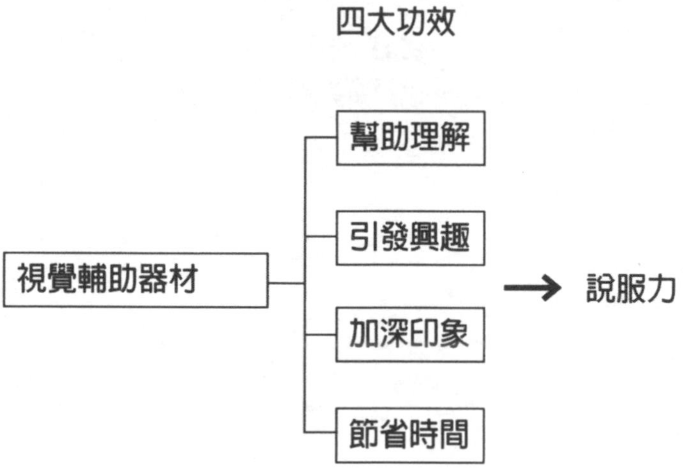
四大功效
視覺輔助器材
幫助理解
引發興趣
加深印象
節省時間
說服力

幫助聽講者理解

簡報必須解釋較複雜的內容時，與其利用話語描述，不如用圖像說明更清楚明瞭。因為視覺輔助讓人一看就知道內容是什麼，因此有助聽講者理解，還可以順便引起聽講者興趣。主講者只要說：「那麼接下來要給大家看的是銷售量的成長預估走勢圖」，在投影畫面上打出成長圖表。接下來就會聽到聽講者「喔！」地一聲，抬頭緊盯著螢幕。這就是視覺輔助設計的功效。

加深印象

視覺輔助設計還可以讓聽講者加深記憶。語言這種東西，很容易聽過馬上就忘掉，有些聽講者搞不好不到一個小時，就完全忘了主講者剛才說了些什麼。但如果是印象深刻的圖像或是插畫，就能夠長時間地留在聽講者的腦海中。而且想說明既抽象又複雜的概念相當費工夫。如果能巧妙地結合視覺輔助的器材，就能夠讓聽講者一目瞭然，又能節省時間。

符合目標的視覺輔助設計

視覺輔助器材一共有四種功效，分別是「幫助理解」、「引發興趣」、「加深印象」，和「節省時間」。然而，選擇輔助設計的時候不先考慮規劃使用方法，是有可能產生反效果的。聽講者看到圖像後，不但不能一目瞭然，反而造成混淆，讓他們興趣頓失，反倒要花更多的時間去說服他們。聽講者搞不好選擇對這些圖像視而不見，更無法加深記憶。

3-2 選擇視覺輔助設計

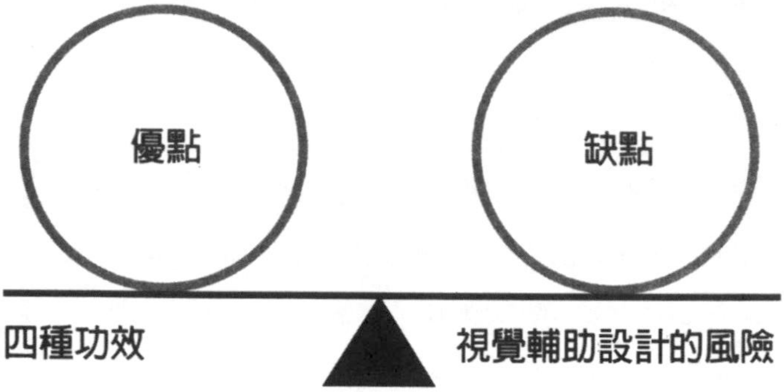

□為什麼要使用視覺輔助設計？
□期待得到什麼效果？
□要製作怎樣的視覺輔助效果？
□想要呈現怎樣的視覺輔助效果？
□要怎樣說明視覺輔助效果？

↓

製作視覺輔助設計

視覺輔助設計是雙面刃

提到簡報，很多讀者或許覺得自己像是巴夫洛夫實驗中的狗（註1）。費盡心血應用電腦軟體製作了投影片，開始播放時就展開簡報內容。或許該說是隨著簡報內容的進展播放幻燈片。到底誰是主誰是從，恐怕主講者也搞不清楚。建議各位先停下腳步，重新檢視。因為只要使用視覺輔助設計，雖會帶來成效，但也有可能產生很大的問題。能正確使用，可以達到加成的效果。用錯了就會變成簡報失敗的原因，因此視覺輔助器材是把雙面刃。

優點與缺點

在此提醒各位，只要有一點閃失，運用視覺輔助設計就會產生四個缺點。第一，整場簡報播放的幻燈片過多，容易讓聽講者產生一種「機械化」的印象；再者，把幻燈片當做發表簡報的綱要，說服力會大幅降低；第三，使用很拙劣的視覺輔助設計，連帶地讓聽講者覺得水準不高。而且最重要的是，主講者有可能淪為視覺輔助設計的奴隸。

基本製作方法

接下來的內容要告訴大家，不要過度倚賴簡報軟體的應用，但是要熟悉這些軟體的基本使用方法。究竟為什麼要使用視覺輔助設計？期待使用後得到什麼效果？想要怎麼呈現？然後該怎麼樣說明？一切都必須從電腦軟體開始著手。

3-3 巧妙運用的步驟

營造視覺效果的步驟

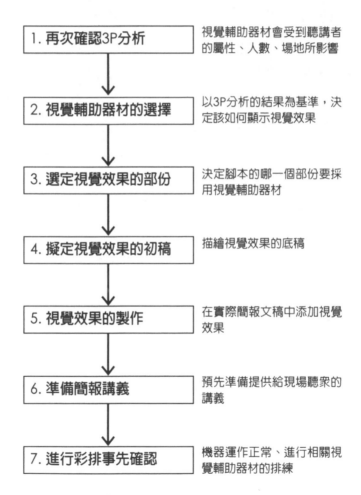

1. 再次確認3P分析	視覺輔助器材會受到聽講者的屬性、人數、場地所影響
2. 視覺輔助器材的選擇	以3P分析的結果為基準，決定該如何顯示視覺效果
3. 選定視覺效果的部份	決定腳本的哪一個部份要採用視覺輔助器材
4. 擬定視覺效果的初稿	描繪視覺效果的底稿
5. 視覺效果的製作	在實際簡報文稿中添加視覺效果
6. 準備簡報講義	預先準備提供給現場聽眾的講義
7. 進行彩排事先確認	機器運作正常、進行相關視覺輔助器材的排練

添加效果

不管做什麼事都有固定的步驟。為簡報添加視覺輔助效果也有必須遵循的規則。依序為（1）再次確認 3P 分析、（2）視覺輔助器材的選擇、（3）選定視覺效果、（4）擬定視覺效果的初稿、（5）製作視覺效果、（6）準備簡報講義、（7）進行彩排。步驟不少，請不要覺得麻煩。因為只有按部就班好好規劃，才能完成一場高水準的簡報。

聽講者的人數

使用的視覺輔助器材會受到聽講者人數多寡影響。聽講者人數不多的時候，就算只用白板也可以營造不錯的氣氛，甚至在簡報的螢幕上也可以做變化。A3 大小的文件也可以拿來作為製造效果的媒介。相反的，觀眾人數眾多時要大規模地做準備。要放大視覺輔助效果讓所有觀眾都看到，就必須準備螢幕或大畫面的顯示器。總而言之，觀眾人數的多寡會使得簡報的視覺輔助器材有所不同。

確認場地

沒有事先確認場地的話，主講者容易倒大楣。帶了電腦到現場才發現沒有投影機，雪上加霜的是講臺附近沒有電源插座，現場還沒有延長線。甚至運氣更不好，螢幕在燈光直射的範圍內，投影效果非常差。辛苦製作的簡報以及所添加的視覺輔助效果都變成白做工，因為觀眾根本沒辦法看清楚。所以對主講者營造的視覺輔助效果來說，場地有很大的影響力。

3-4 視覺輔助器材的種類

視覺輔助器材	優點	缺點
電腦螢幕	容易移動 不需要準備大型的設備 可以運用各元化效果加強內容 可以自定動畫 能夠簡易自行製作	只能應用於少數觀衆的場合 視角小 無法共用視覺輔助器材 畫面太小
投影機	可應用於聽講者人數中等～多數的場合 可以自定動畫 能夠簡易自行製作 可遠距離操控 可以運用各元化效果加強內容	準備工作相當費時 解析度較差 畫面亮度不夠 容易變成單向溝通
整合導覽面板	容易移動 說明順序可以隨時調整 可以一覽簡報整體全貌 隨時可以填寫加註 容易藉此操控聽講者 雙方有互動	有大小的限制 持久性不夠 製作需要專門技術
錄影帶	可以全面使用動畫 自行製作過程相對來說還算容易 當場可以播放 在明亮的場地依然可以播放 可以選擇停止或慢動作播放	準備工作相當費時 需要編輯 製作過程相當費時 畫面的大小有限制 和電影相比解析度較差
幻燈片	可應用於聽講者人數衆多的場合 近距離的物品也能夠顯影 可遠距離操控	製作過程相當費時 必須在暗房顯影 顯影的準備工作費時 修改相當麻煩
白板	簡便 可以配合聽講者的節奏 聽講者可以參與 刪除、補充、修改都很容易	容易有過度使用的傾向 填寫加註較為費時 一旦資料被刪除就很難復原
白報紙架	簡便 可以配合講話的節奏填寫 有記錄可查	容易有過度使用的傾向 填寫加註較為費時
海報	製作簡單 說明順序可以隨時調整 容易移動	有大小的限制 持久性不夠
簡報講義	製作簡單 容易移動 資料在手邊隨時可以翻閱 有記錄可查	無法控制聽講者

器材的特性

以 3P 分析中的聽講者和場地分析結果為基準，決定要選擇何種輔助器材。其實每一種媒介都有各自的特點，如果不能好好發揮這些特點，那麼主講者為簡報所做的努力形同白費。因此要好好記住每一種輔助器材的特色。才能配合自己的需要找到合適的輔助器材，能夠運用自如，就能變成具全面性又有深度的完美簡報。

電腦和投影機

能夠善加利用簡報軟體，就能呈現多元化的內容。在人數中等或多數聽講者的場合中，更是相當有效果。利用電腦能完成比較簡單的製圖，也能運用色彩豐富的動畫。但是別因為操作簡單就過度使用。簡報內容只有看著投影片從頭到尾念一次，留在聽講者腦海裡的只有片中的視覺輔助效果，連主講者是誰都不記得。

整合導覽面板

聽講者人數不多的話，可以整合導覽面板做簡報。器材移動容易，說明順序可以隨機調整，還能讓主講者和聽講者之間互相交流。白板和大字報架是使用自由度相當高的選擇，可以配合簡報的需要增加內容、刪除或修改視覺效果。所以為了加深聽講者的印象，不要只單獨使用電腦或投影機，試著用不同的視覺器材作為輔助，就可以讓自己的簡報更具有深度。

3-5 選定添加效果的內容

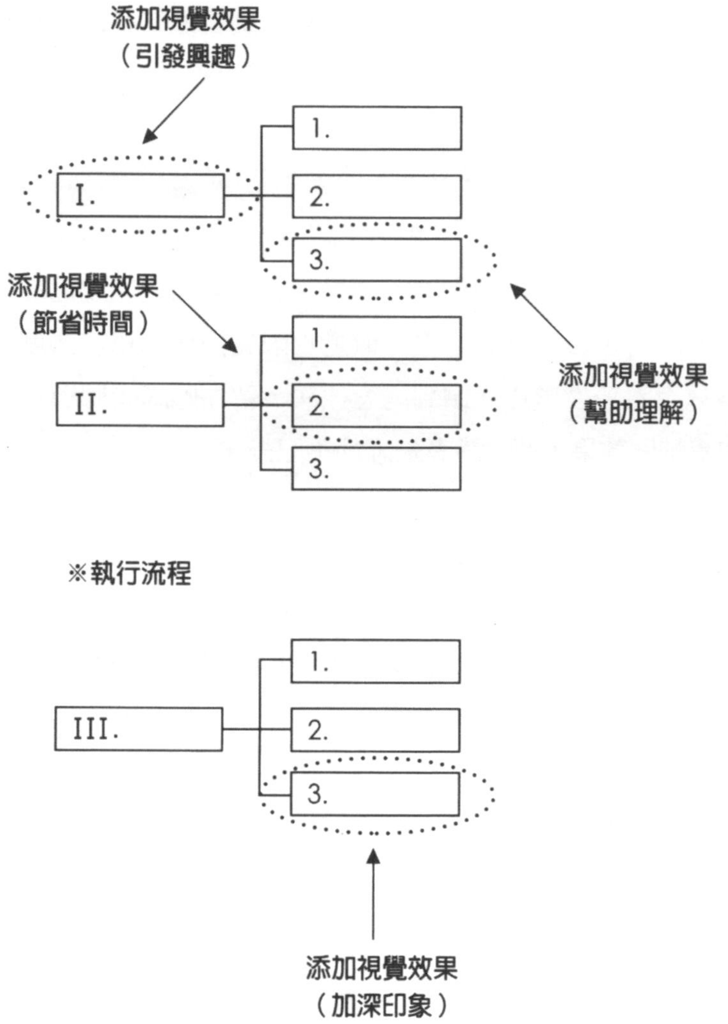

判斷何時添加

開始準備製作簡報時，第一步就是打開簡報軟體。這樣容易變成簡報軟體的奴隸，形勢演變成由視覺效果掌控主講者。應該先依據 3P 分析的結果擬定策略，製作腳本的黃金三步驟比較好。然後依據腳本的內容判斷，選定添加視覺效果的部分。由主講者操控效果，成為簡報的主角。

整合四個目的

究竟該在哪些部分添加視覺效果？最好的判斷標準就是視覺效果的四個目的。前述中，這四個目的就是幫助理解、引發興趣，加深印象和節省時間。主講者在腳本完成之後，從頭再看過一遍。看看是不是有哪個部分聽講者可能會聽不懂；或是哪個段落希望引起聽講者的共鳴；還是有些重點不希望聽講者聽過就忘；或者是某個部分可能會比較需要花時間說明，這些部分就可以採用視覺效果輔助。

針對重點加上效果

看過前述視覺輔助效果的優點可能決定大量運用，於是埋頭繪圖。如果主講者本身藝術天分還不錯，不失為一種表現方式。要是美學能力不怎麼突出，過多的視覺輔助效果會讓聽講者不敢恭維。只要針對重點添加效果作強調即可，才會讓簡報得到畫龍點睛的效果，也更具說服力。

3-6 整理概念的架構

X

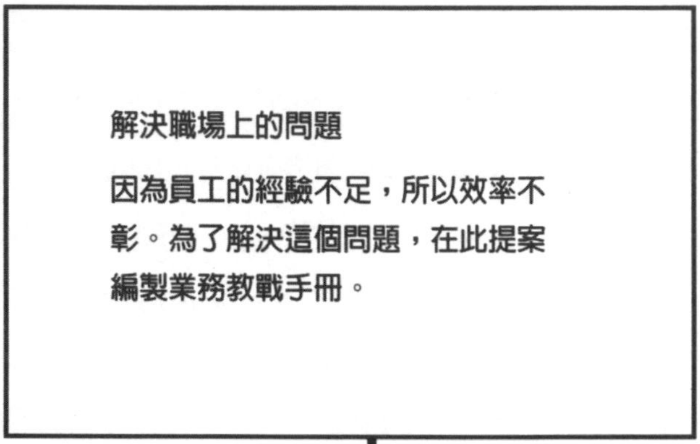

解決職場上的問題
因為員工的經驗不足，所以效率不彰。為了解決這個問題，在此提案編製業務教戰手冊。

架構化＝視覺輔助效果

O

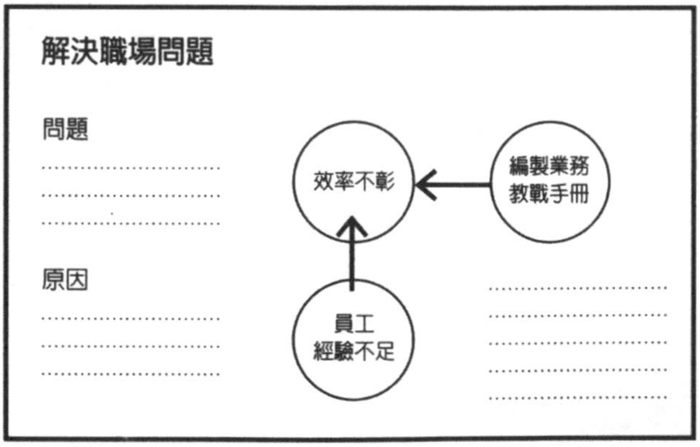

文字的排列

接下來舉個常見的例子。為了說服聽講者，採納自己所提的企劃案。在簡報會議的前一晚，熬夜將簡報的所有內容放入固定格式中。簡報當天在所有的聽講者面前，大量播放投影片訊息。主講者陳述簡報內容時，聽講者的視線也會盯著螢幕。不過簡報進行到一半，聽講者大概都睡著了。

情報之間的關聯性

當然，掌握投影片中的文字描述通常有一定的難度。要得到所謂的視覺輔助效果，就是用圖像表示「情報之間的關聯性」。現在手邊有兩個訊息，一個是「效率不彰」，另一個訊息是「員工經驗不足」。用文字描述就會是「因為員工的經驗不足，所以在業務上顯得效率不彰。」只是在投影片上放進這句文字訊息，聽講者看了也搞不清楚主講者究竟想表達什麼。

表現的架構

這兩個訊息的關聯在於「問題」和「原因」。加上「編製教戰手冊」的解決方式後，這三者之間的關係就是「問題」、「原因」、「解決方案」。主講者要用圖表來表達這個架構，就是所謂的視覺輔助效果。對於聽講者來說，主講者所強調的內容能夠讓他們一目瞭然，達到視覺輔助效果的最高境界。

3-7 常態型資料以一覽表呈現

流程圖
（PROCESS CHAT）

甘特圖
（ACTION PLAN）

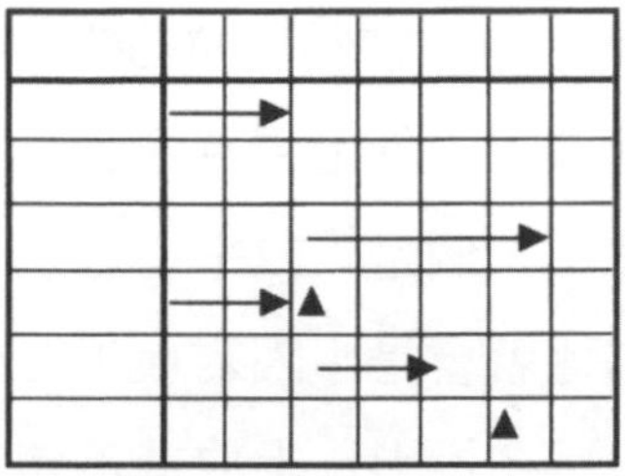

矩陣圖

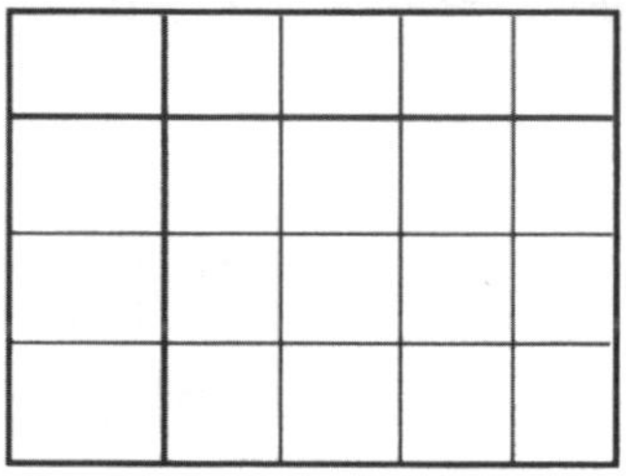

決策樹狀圖
（邏輯樹狀圖、決策樹狀圖）

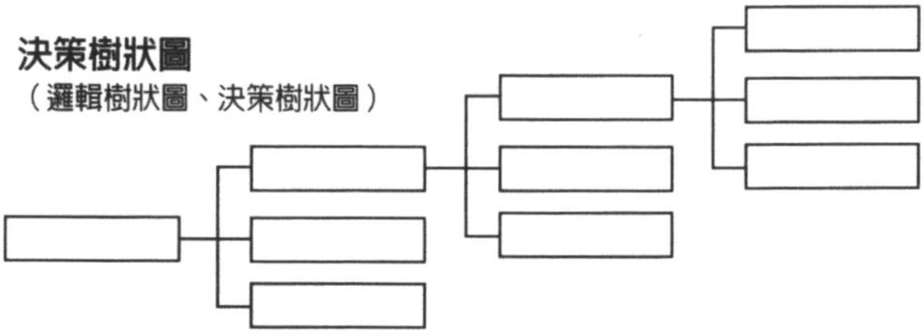

常態型和數量型

身為一個主講者絕對不能夠只是讓聽講者看文章，自己照著念，這種簡報方式注定要失敗。主講者必須找出情報和情報之間的關聯，用視覺效果加以強調，接著再說明這些視覺輔助效果。但是這裡又出現一個問題，情報的種類有很多，判斷情報種類必須遵循基本原則。「常態型情報使用一覽表」的方式表現，而「數據型情報使用圖表」顯示。

一覽表要符合目的

首先，第一個所要討論的是常態型情報。正如前面所提到的，常態型的情報應該要使用「結構型一覽表」。主講者想要介紹新系統的操作說明。最好是用流程圖的說明方式。或者要說明進度表時，就使用甘特圖。要整理及分類思考方式時，就選擇系統圖或矩陣圖。另外，要顯示決策的過程，可以採用決策樹狀圖。然而，如果沒選用符合目的的一覽表，聽講者很容易聽到一半就進入夢鄉。

簡單描述

常態型的資料要用一覽表的方式顯示。為了讓聽講者一目瞭然，不要使用太複雜的視覺輔助效果。如果視覺效果過於複雜，就得先說明，讓聽講者瞭解視覺效果的含意之後，再說明各種情報內容。老實說，要聽講者在同一個時間內瞭解兩件事，絕對不容易。結果是聽講者根本不記得簡報內容，而只記得「一覽表」。所以使用一般的視覺效果，只要簡單描述情報內容。

3-8 數量型資料以圖表顯示

折線圖

圓形圖

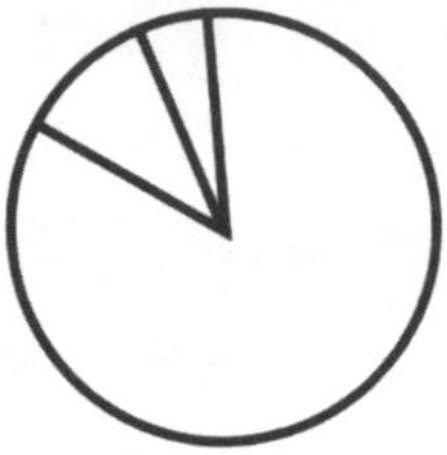

象形圖（PICTOGRAM）

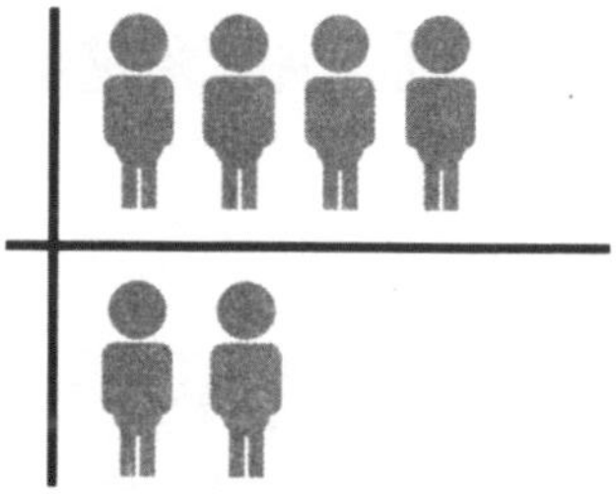

比例構成圖

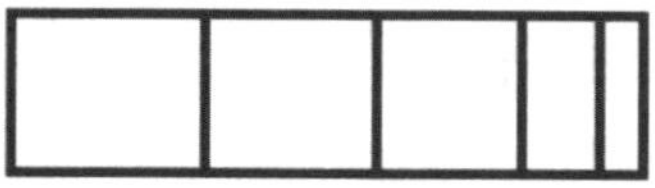

直條圖

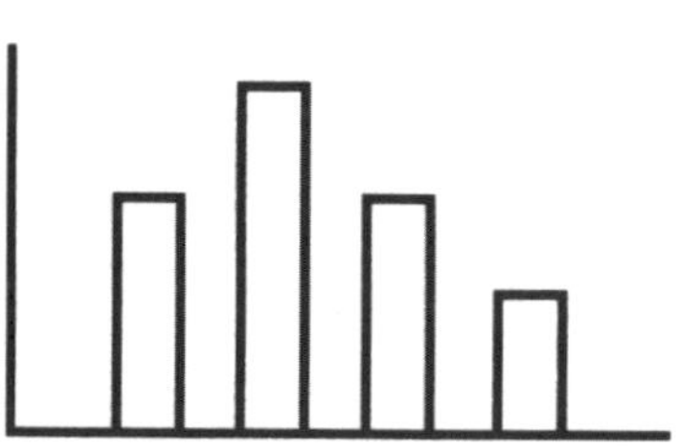

X Y 散佈圖

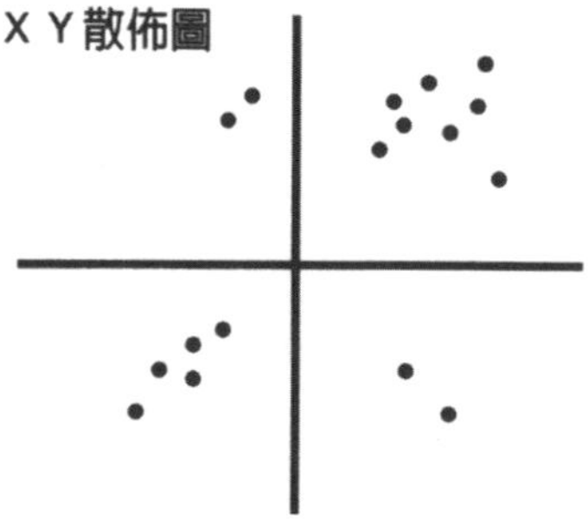

數字的排列

如果讀者需要針對過去三年總營業額的變化做說明。而且最重要的是要強調業績逐年成長的狀況。這時候就把營業額的一覽表製作成幻燈片加以說明。然而，過去三年總營業額的一覽表是一堆密密麻麻的數字，聽講者得眯著眼睛努力找尋資料數據。這麼多數字排列在一起，就算聽講者看了沒有昏倒，也會很頭痛。

圖表要符合目的

第二個要討論的就是數量型的情報。正如前面所提到的，數量型的情報應該要用「圖表」來顯示。比方說，主講者想要說明去年整體營業額的成長狀況。在這種情況下，最好是用折線圖的方式來做說明。如果要針對明細做說明，就使用圓型圖或是構成比率圖。要分析各區域之間營業額的差距時，就選擇直條圖或是群組直條圖。另外，如果想要顯示據點之間的散亂性，就可以採用 XY 散佈圖或象形圖。同樣的，如果沒選用符合目的的圖表，聽講者可是很容易頭昏腦脹。

解釋數字

只要把數字輸入圖表計算軟體的空白表格，再點擊一次按鈕，系統就會畫出很漂亮的對應圖表。此時，別陷入使用圖表的迷思。一旦有了迷思，簡報裡就會充斥著圖表，讓人眼花撩亂。所以數量型的情報，除了要能解釋數字外，還必須添加主講者的意見在其中才會貼切。

3-9 運用視覺輔助效果

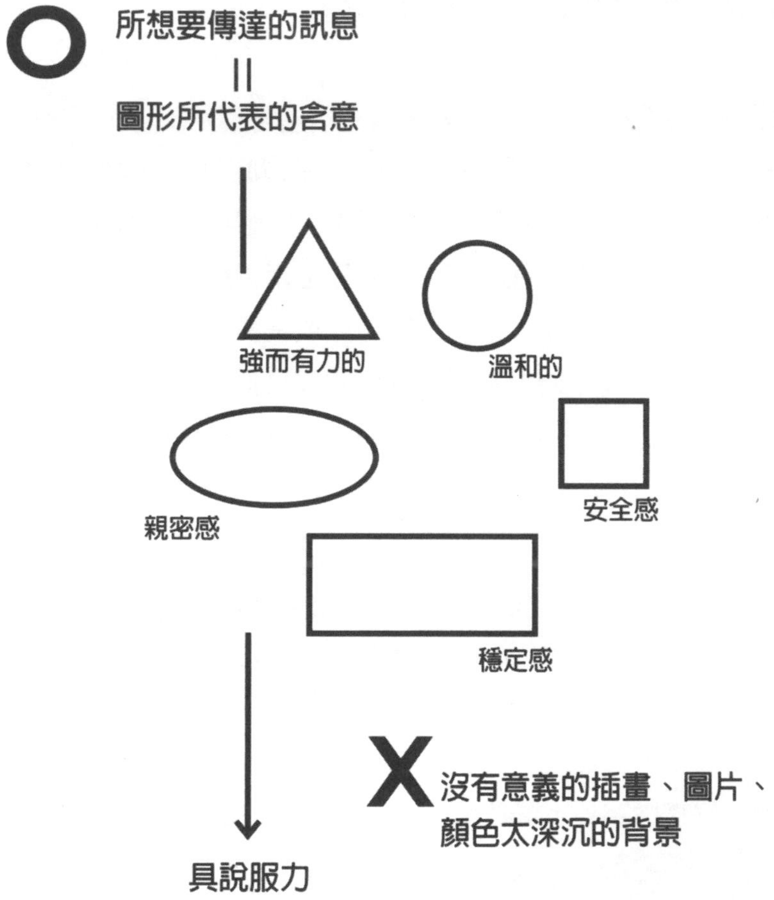
O
所想要傳達的訊息
||
圖形所代表的含意
強而有力的
溫和的
親密感
安全感
穩定感
具說服力
X 沒有意義的插畫、圖片、
顏色太深沉的背景

原創性的效果

添加效果不只是運用格式中既定的一覽表和圖表，而是要創造自己特有的畫面。也許會有人抗議自己沒有繪畫長才，這點倒是不用擔心。因為簡報內容所需要的視覺輔助效果，只是要針對手邊的資料找出情報和情報之間的關聯，再做成簡單的圖表，讓聽講者一目瞭然就可以了。只要圓形、四角形和三角形的組合就可以搞定。

圖片的含意

每一種圖形都有各自的含意，在運用之前先搞清楚圖形的含意，再配合上自己所要傳達的訊息，就能夠成為有用的視覺輔助效果。三角形的底邊比較寬，前端細長，會給人「強而有力」、「階段性」，或是「逐步進行」的感覺。正方形則是給人安心感，長方形代表的含意是穩定，圓形表示溫和，橢圓形則有親密的感覺。打算以圖片的方式傳達「對環境的影響比較溫和」的訊息給聽講者時，如果選用四角形，會讓聽講者有不協調的感覺，這時候應該選用圓形或橢圓形的圖片顯示。

插圖

如果簡報的內容全是文字，會讓人覺得單調。如果讀者因此想要添加和簡報內容無關的「幻燈片的背景底圖」，或是「插畫」，在此奉勸大家最好別那麼做。因為會讓聽講者把注意力轉到其他方向，會想知道這些素材來源而模糊了焦點。而且要是用了漫畫式的插畫，連主講者也會被當成漫畫人物。所謂的視覺輔助效果，不只是把圖片當作裝飾品，而是要以內容決勝負。

3-10 遊說時以色彩區分

想要傳達的訊息

||

色彩所代表的意思

顏色的種類	色彩所代表的意思
紅	大膽、攻擊性的、刺激、勇氣、危險、愛國心
藍	冷靜、謙虛、獻身、正義、清澈、嶄新、先進
黃	注意、親切、爽朗、溫暖、敵對的、不愉快、嫉妒
綠	愉快、和平、新鮮、寧靜、年輕、朝氣、繁榮、羨慕、不成熟
橙	朝氣、刺激的、強烈、喧囂、不愉快、收穫
紫	富裕、光明磊落、威嚴、孤獨、勝利、權威、熱情
白	高尚、清澈、純潔、天真、貞潔、希望
黑	深遠、神秘的、悲痛、悲哀

↓

簡單明瞭
美觀

↓

說服力

色彩所代表的意思

就跟圖形一樣，色彩也有各自的含意。主講者所希望傳達的訊息應該要能跟顏色所代表的顏色一致。主講者所使用的視覺輔助效果在表達訴求時就會更強烈，更能夠傳達給聽講者。要激起聽講者的危機意識就該使用紅色，黃色可以喚起注意力，要是想表現嶄新的一面就選擇藍色，利用綠色則可以讓聽講者有穩重的感覺。不過在色彩的運用上，切忌使用過多顏色，因為過多色彩會讓聽講者覺得，「這個主講者的品味真是俗套」。要特別留意。

靈活運用

而且主講者選擇的視覺輔助效果缺乏「色彩統一性」時，容易讓聽講者陷入錯亂的狀態。在顏色的使用上來說，標題應該採用同一個顏色，同樣的內容使用同樣的顏色，或者同樣的情報應該要採用同色系的顏色。相反的，要讓這個主題更顯眼時，就可以使用對比色。然而，投影機的解析度不夠時，較難利用中間色彩的微妙搭配來傳達不同的訊息。明確地運用色彩，才能清楚地將訊息傳達給聽講者。主講者與其注重視覺輔助效果的美觀，倒不如把重點放在簡單明瞭地傳遞訊息上。

做出指示

靈活運用色彩有的時候也可以代替簡報光筆，主講者可以說「請看一下藍色的部分」、或是「綠色的線代表去年的成績……」等等，可以藉此喚起聽講者的注意力，讓主講者不必特意準備簡報光筆。

3-11 開始規劃草稿

綱要草圖

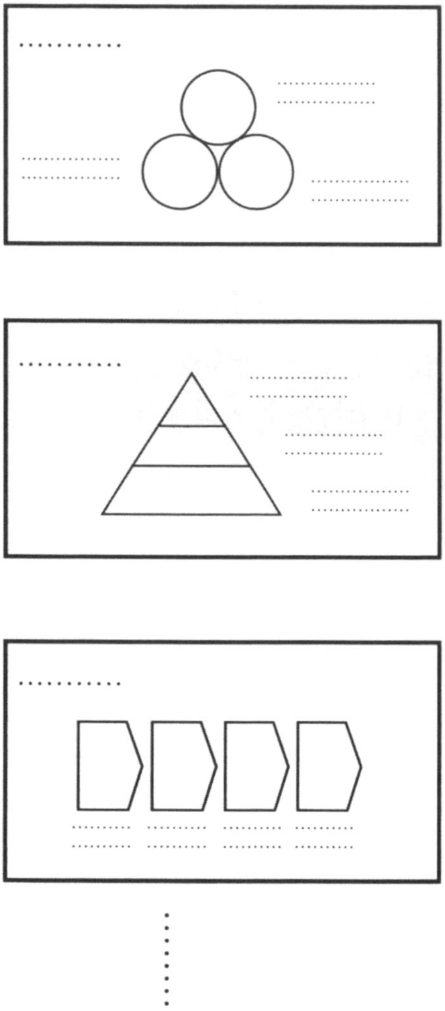

確認整體內容

視覺效果對聽講者的影響

- □幫助理解？
- □提升興趣？
- □加深印象？

說明的方式

- □能夠節省時間嗎？

檢視全部流程

- □圖片是否使用得過多？

打草稿

製作視覺輔助效果時，應該再一次檢視 3P 分析的結果，重新確認腳本的三步架構，然後檢討哪一個部分可以利用視覺輔助效果加以表現。在這裡就應該試著勾勒綱要草稿。一開始就直接進行正式的視覺效果製作，之後會產生「如果那樣做就好了」等等的狀況，而且還會造成製作成本的浪費。

刪除不需要的資料

製作視覺輔助效果和操作電腦的工作最好分別作業。勾勒綱要草稿時，最好是專心致力於情報整合。等到要製作視覺輔助效果時，就埋首於電腦的操作。先拿 A4 紙張橫寫，利用鉛筆打草稿。可能會不斷擦掉重畫、描繪後再擦掉。在這樣的反覆過程中，刪除掉不需要的情報，完成淺顯易懂的簡報內容。

確認整體的內容

完成了綱要草稿，就再次確認整體內容。站在聽講者的角度，對照視覺輔助效果是否達到既定的四個目的。確認這個簡報是不是能幫助聽講者理解、能否引發興趣、加深印象、能不能節省時間。這裡還有一點要注意的是，圖片會不會使用得過多。這五項都能夠過關的話，就可以著手製作簡報內容的投影片。

3-12 清楚明確的訴求

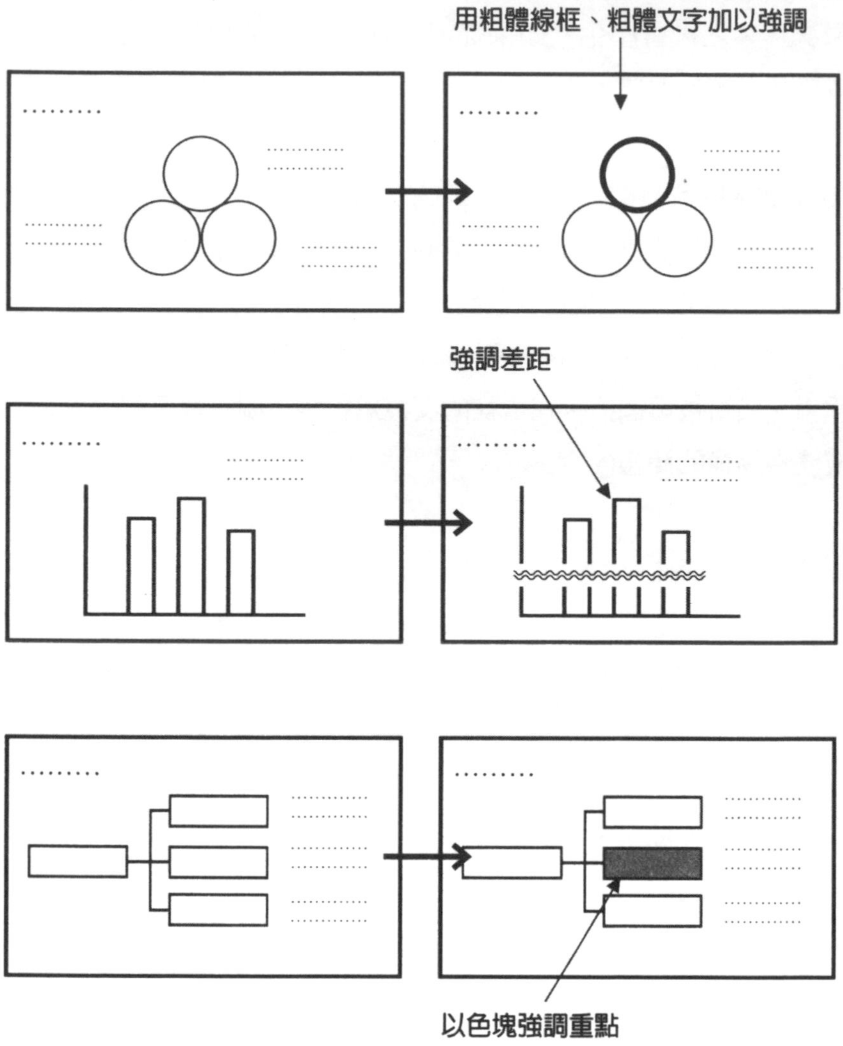
用粗體線框、粗體文字加以強調
強調差距
以色塊強調重點

想傳達的內容

當主講者在運用視覺輔助設計的時候，一定要時常自問，這個部分想要表達的意思是什麼，試著自問自答，藉以檢視自己所採用的視覺效果。這個一覽表想要傳達什麼訊息，使用這個圖表是想要讓聽講者理解什麼事實。確認自己所想要傳達的事，以及想要讓人理解的事，能否在視覺效果中被正確地表現。在現實生活中常常可以看到，有人在簡報中運用了很不錯的視覺輔助器材，但是卻看不出來到底想要表達什麼內容。

強調重點

如果主講者在聽講者面前只是平淡地陳述內容，根本不知道想要強調的內容是什麼。同樣的道理，不具有判斷力的視覺輔助效果，也會讓聽講者有不知道訴求點為何的感覺。因此主講者對於想要強調的重點，就應該改用粗體字或是作記號，也可以用鮮明的色彩加以區別，或者運用粗線加框做強調。主講者就不用多說，聽講者一看就可以清楚知道，強調的重黑點在哪裡，視覺輔助效果才有意義。

容易判別的效果

如果主講者想要比較競爭對手的營業額，就可以選擇群組直條圖做說明。有一點必須注意的是，有縱軸的單位值若定得不恰當，將無法表現出應有的差距，無法讓聽講者留下深刻的印象。如果把單位值定得太大，差距上的表現就變得不明顯。若是把單位值縮小，就突顯差距的效果。最重要的部分在字體上做變化，或是反白等等效果加以強調，就會讓簡報的視覺輔助效果具有判斷力。

3-13 區隔內容摘要和相關資料

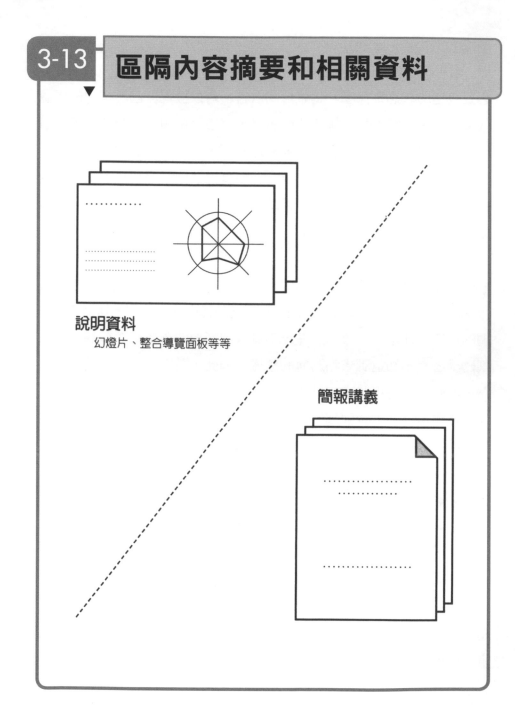

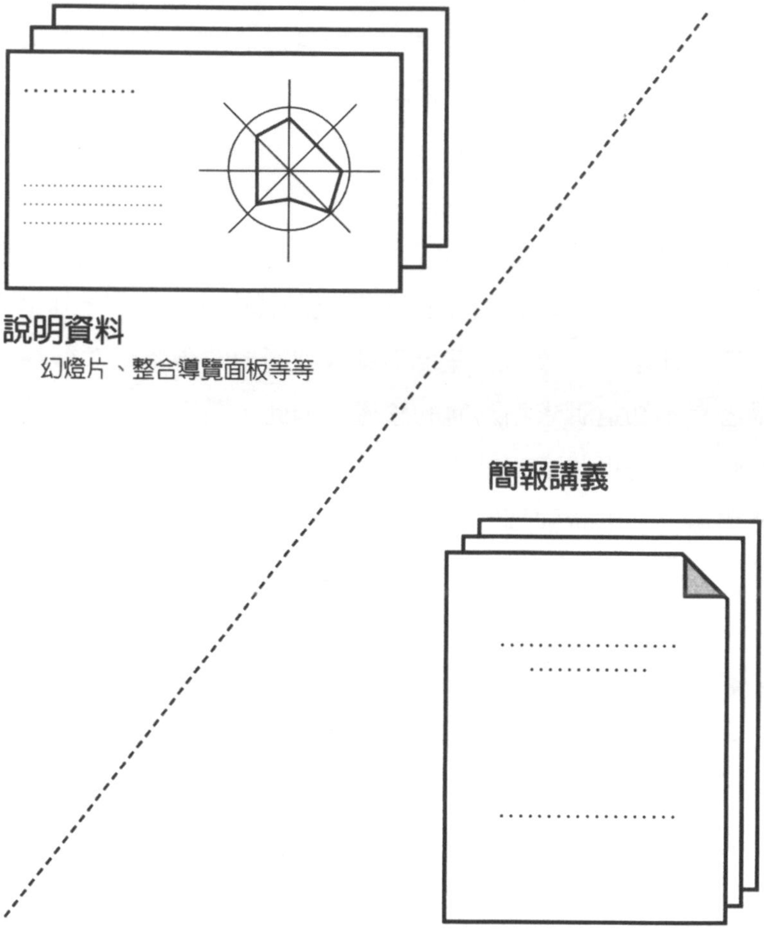

分發講義

現實生活中常常看到許多主講者在簡報開始時，就把講義發給聽講者。確認所有的聽講者都拿到講義後，再正式進入主題：「接下來我們就開始今天的簡報……」主講者還會請大家翻開講義：「首先，請大家翻到講義的第二頁……」然後才說明簡報內容。但是大部分聽講者都不會照著主講者的指示，大概會翻到第五頁去，也就是聽講者根本就不會注意去聽主講者在說些什麼。

不用說明講義內容

為什麼要分發講義？前述中的發講義就很像是告訴聽講者：「大家可以不用聽我在說些什麼，請大家自己看講義就可以啦」，所以也讓聽講者覺得拿到講義之後就可以離開了。聽講者拿到講義後，通常會對講義的內容感到相當好奇。有人會大略流覽一下講義的內容，就趴在桌上開始閉目養神。主講者最好不要先發講義，還加上內容說明。

區隔資料

那究竟該怎麼做呢？首先，就是把說明的資料和分發的講義分開，要說明的資料可以用視覺效果投影在螢幕上，或是製作成整合導覽面板。主講者做簡報的時候，全部的聽講者於是共用一套視覺輔助器材。而且這份輔助器材是由主講者全權掌控的，聽講者就沒有機會四處移開目光。簡報結束之後，再發下相關的簡報講義，讓與會的聽講者帶回去參考。

3-14 具說服力的講義

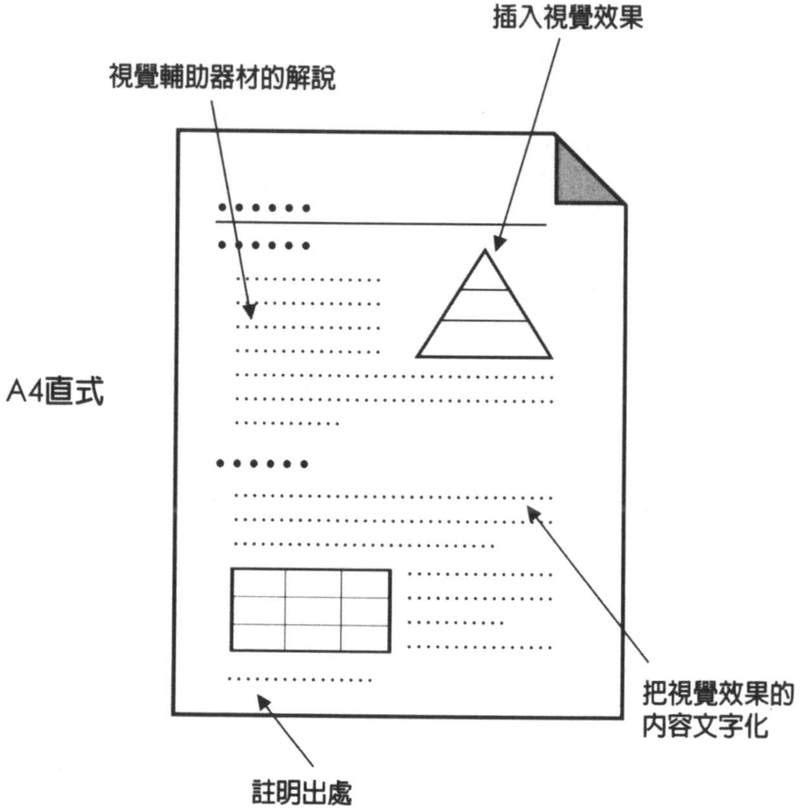

目的不同

所謂的說明資料指的是，主講者在簡報時使用的說明內容。至於分發的講義則是在簡報結束後，讓聽講者放在手邊做為參考的文件。目的不同，所以製作方式也有所不同。可是很多主講者都是把簡報的幻燈片直接列印出來，當做是參考講義發給大家。參加會議的聽講者結束後，重新翻閱這些資料時會留下印象。如果是其他的人員看到這些資料，可能會覺得參考講義的內容令人費解。

附註說明

參考講義一旦發給聽講者後，會演變成怎樣的結果沒有人知道。不過，從分發的那一刻起，就是孤軍奮戰的開始。有些案子到最後，擁有決定權的聽講者覺得，「搞不清楚要說些什麼，這個企劃案不用再討論了」。為了避免這種情況發生，主講者應該在講義中添加簡報會議上所使用的視覺輔助器材，並附註說明。這樣一來，就算看講義的人沒辦法感受到簡報會議的臨場感，但是至少不會對整個企劃案產生錯誤認知。

最好採用 A4 直式

有一點要提醒各位讀者的是，幻燈片多半是橫式列印的資料，所以很多主講者準備的參考講義也採用橫式。視覺輔助效果用橫式表現比較容易看，但是閱讀資料以直式列印比較方便閱讀。因此參考講義採用「A4 直式」的格式會比較好。A4 直式是一般通用的資料格式，聽講者存檔也會比較方便，覺得主講者很貼心，考慮很周到。另外，參考講義中有任何引用他人的理論或數據，一定要清楚註明出處，才不會產生侵害著作權的問題。

3-15 按部就班地展現

視覺效果呈現的步驟

1. 預告

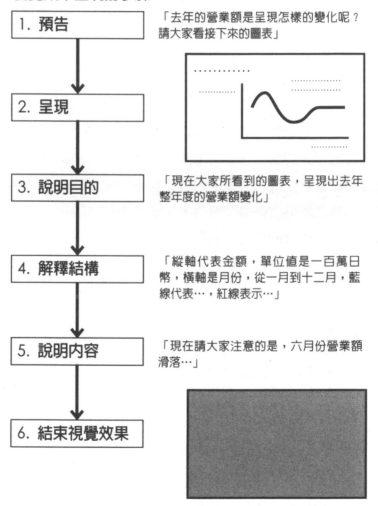

「去年的營業額是呈現怎樣的變化呢？請大家看接下來的圖表」

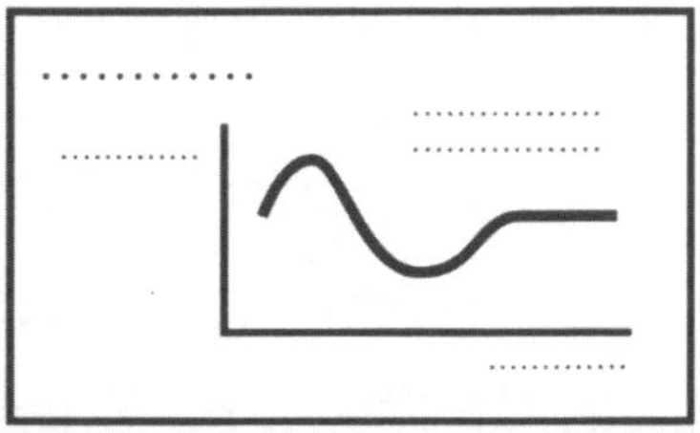

2. 呈現

3. 說明目的

「現在大家所看到的圖表，呈現出去年整年度的營業額變化」

4. 解釋結構

「縱軸代表金額，單位值是一百萬日幣，橫軸是月份，從一月到十二月，藍線代表…，紅線表示…」

5. 說明內容

「現在請大家注意的是，六月份營業額滑落…」

6. 結束視覺效果

有效的呈現方式

看到這裡，大家已經知道如何製作視覺輔助效果，也完成了參考講義的準備。接下來要分享的是，如何有效地呈現視覺輔助的效果。首先，從現存的問題切入，讀者自己可能沒有察覺到，大家的通病是，沒有任何引言就突然在螢幕上投射出圖表：「嗯，這裡的問題點在於……」，跟著就開始說明。但是這樣容易讓聽講者一時抓不到頭緒，不知道主講者要講些什麼。

按部就班

不管內容是什麼，突如其來的做法都是不好的。應該要按部就班地呈現視覺的輔助效果才對。步驟一共有六個：（1）預告視覺輔助效果、（2）呈現視覺輔助效果、（3）說明視覺輔助效果的目的、（4）解釋視覺輔助效果的結構、（5）說明內容、（6）結束視覺效果。

完善的呈現方式

首先，要預告視覺輔助效果：「那麼去年的營業額是呈現怎樣的變化呢？請大家看接下來的圖表。」讓聽講者對接下來的投影片充滿期待。預告的引言後，再將圖表投影在螢幕上，並針對所使用的圖表進行目的說明：「現在大家所看到的圖表，呈現出去年一整年度的營業額變化。」再根據圖表的構成加以說明，讓聽講者能更清楚地知道圖表的含意。「縱軸代表金額，單位值是一百萬日幣，橫軸是月分，從一月到十二月，藍線代表……，紅線表示……」。緊接著，「現在要請大家注意的是，六月分營業額滑落……」，再接著說明內容。然後等到所有的說明都告一段落，就可以結束視覺效果。這樣可以說是相當完善的呈現方式。

3-16 掌握基本原則

只有在想要讓聽眾看的時候才呈現出來

1. 說明內容　2. 說明結束　3. 下一個主題

結束視覺效果

只呈現想讓聽眾看到的東西

X 兩個概念

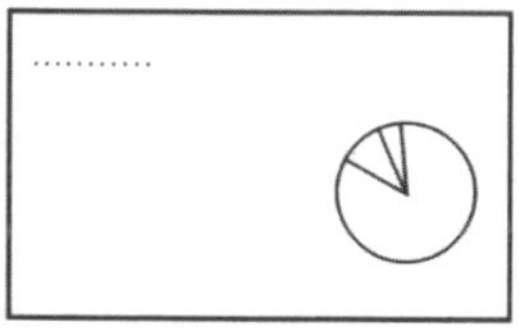

O 一次一個概念

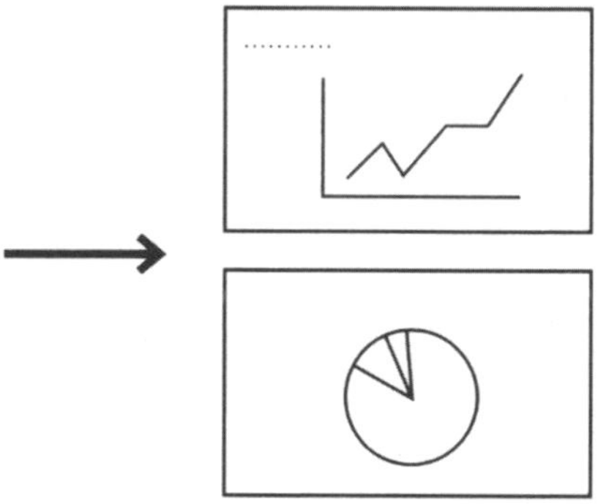

引起注意後呈現內容

1. 引起聽講者的注意　2. 留白　3. 向聽眾展示

「如何解決這個難題呢？」
「需要進行的工作……」

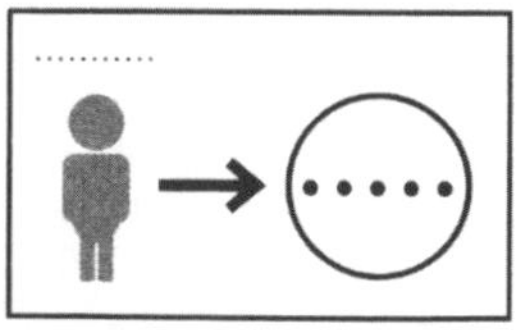

想讓聽講者看時才呈現出來

只要按部就班地呈現，說服聽講者的機會就會提高。不過，要特別注意不要前一張投影片還留在螢幕上，就介紹下一階段的內容。這樣容易讓聽講者的注意力還停留在前面的話題，無法從前一階段中跳脫出來。會讓主講者接下來的談話變成耳邊風。千萬記得在說明結束之後，務必要讓視覺輔助效果消失。這是做簡報的重要原則。

只呈現想讓聽講者看的資料

如果主講者在一張幻燈片上使用兩種以上的圖表或一覽表，聽講者將產生什麼反應？主講者進行說明：「左邊的圖表是……」時，聽講者的眼光可能已經移到右邊的圖表。開始說明右邊的圖表時，聽講者的注目焦點已經完全不在螢幕上了。因為多數的聽講者都不太喜歡照規定來。一張投影片涵蓋一個概念，只秀出主講者想要給聽講者看的內容。這是做簡報的另一原則。

引起注意後再作呈現

在這裡還有一個可以大幅提升簡報說服力的技巧。不是很困難的技巧，但可以讓主講者的說服力倍增。如果主講者只是不斷地重複設定投影片及說明內容，很快就會讓聽講者不耐煩。主講者一定要設法引起聽講者的注目，讓他們對接下來的內容充滿期待。賣個關子之後，再把內容呈現在聽講者面前。「應該要怎麼做才能解決這個難題呢？有關這個問題……」稍微停頓一下，再緊接著呈現下一個視覺效果給聽講者，「有關這個問題，大家看一下這張圖表。」好好利用這個技巧，也是重要的簡報原則。

3-17 同時使用不同的輔助器材

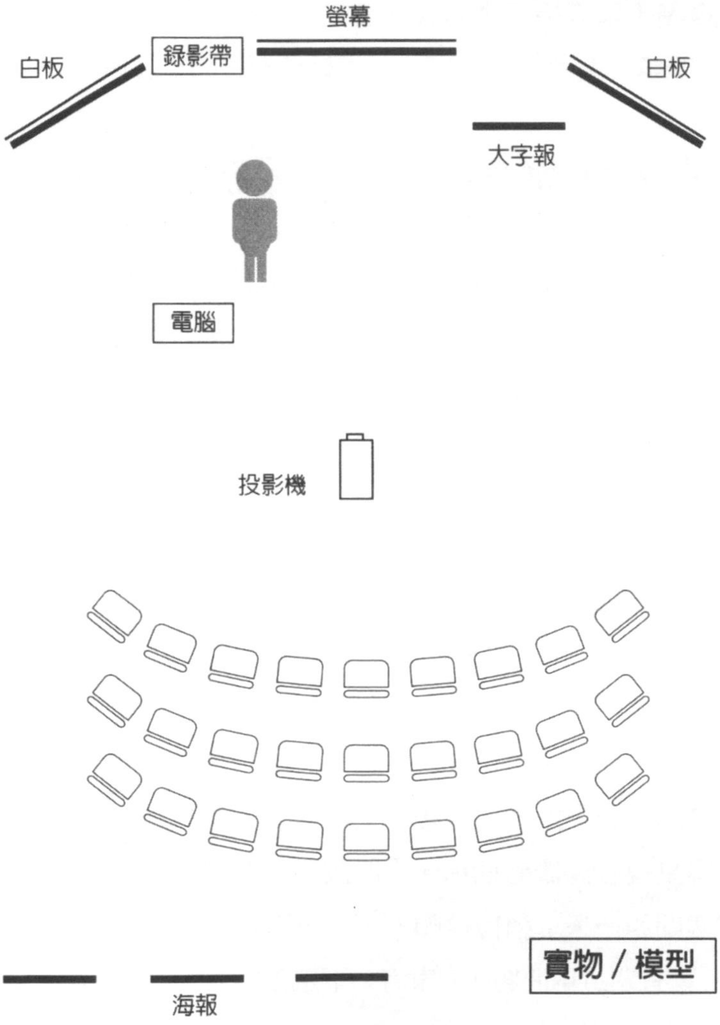

簡報器材的組合

簡報中的視覺輔助器材有很多種，各有各的特色，因此必須活用這些特色。如果能綜合多種的視覺輔助器材，就能讓簡報進行的更順利。沒有必要堅持只用某一種的器材。

提問的氣氛

主講者是配合著投影片說明的話，容易產生不便打斷主講者的氣氛，讓聽講者不好意思發問。因為使用機器設備，讓簡報變成單方面傳遞訊息的場面。不妨再運用白板，中途讓投影片的放映停頓一下：「關於這一點要做個補充說明……」在白板上描繪簡表。於是可以詢問聽講者：「有關這個提案，大家有沒有什麼其他的想法」，營造出讓聽講者自由發問的現場氣氛。

聽講者有參與感

如果使用白板或大字報作為輔助工具，就能讓聽講者有機會參與這場簡報，他們可能對簡報的某部分有不同的意見，「慢點，這樣不對吧……」可以上臺拿筆寫下想法。這可說是正中主講者的下懷，就可以跟聽講者直接進行討論，「這樣不好」、「那樣不對啦！」只要展開討論，就能使主講者和聽講者之間產生連帶關係。聽講者能參與討論簡報內容，當場就容易做出決定，對企劃案投贊成票的可能性非常高。

3-18 模擬聽講者的情境

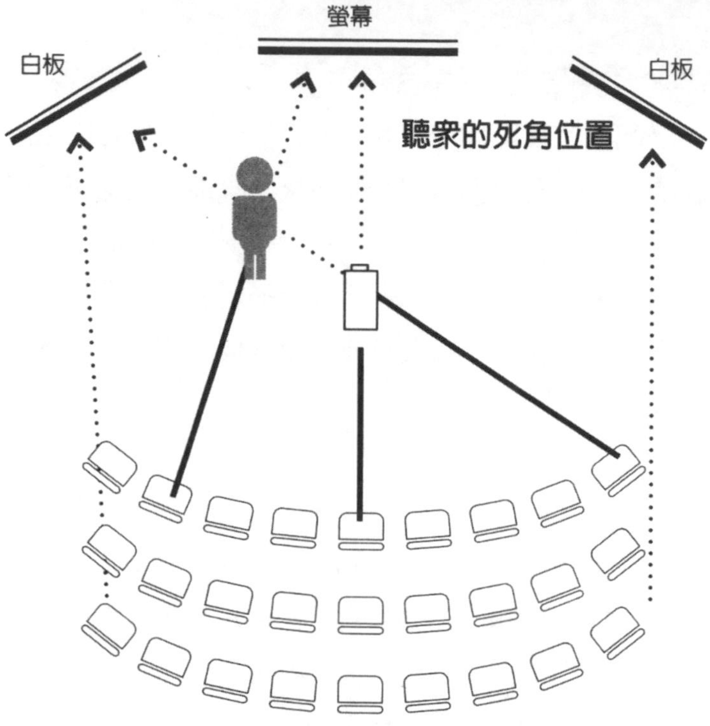

□有東西阻礙讓聽衆看不到視覺效果
□螢幕正好在光源處
□兩側的聽衆看不到螢幕
□文字太小看不清楚
□無法分辨色彩的差異
□畫面的焦距不對
□畫面大於螢幕投影範圍

架設機器設備

講到這邊，主講者應該知道，該如何根據 3P 分析的結果選擇視覺輔助效果的器材，以及配合腳本的三步驟而完成的視覺輔助效果。接下來就該到簡報會場排練一下，包括現場機器設備的測試。如果沒辦法在前幾天排練，至少也得在正式簡報開始前一小時做一次簡單的彩排。將做好的視覺效果試播一次，確認簡報內容沒有錯誤，而且所有效果都能按照設定呈現。在彩排的過程中，主講者必須在腦海中模擬自己站在聽講者的位置，想像這樣的簡報會產生什麼反應。

聽講者的位置

如果要利用電腦和投影機將內容投射在螢幕上做簡報。主講者站在電腦旁邊，從他的立場來看簡報的視覺輔助效果，可能會忽略掉一些重要的問題。所以一定要去觀眾席坐看看，這樣才能從聽講者的位置來確認，「視覺輔助器材的配置」和「視覺輔助效果的內容」。

營造舒適的聽講環境

事先避免掉一些外在的因素影響聽講者聽講。比如說，有東西阻礙讓聽講者看不到視覺輔助效果；螢幕位置正好在光源處；坐在兩側的聽講者看不到螢幕；文字太小看不清楚；色彩的差異無法分辨；畫面的焦距不對；畫面超出螢幕的範圍等等。在開始前發現這些問題，就可以馬上尋求改善方案，不會影響正式簡報的進行。畢竟這些視覺輔助效果都是主講者的心血結晶，一定要完整而確實地呈現給現場聽講者。

3-19 合適的服裝搭配

在簡報中最重要的視覺效果

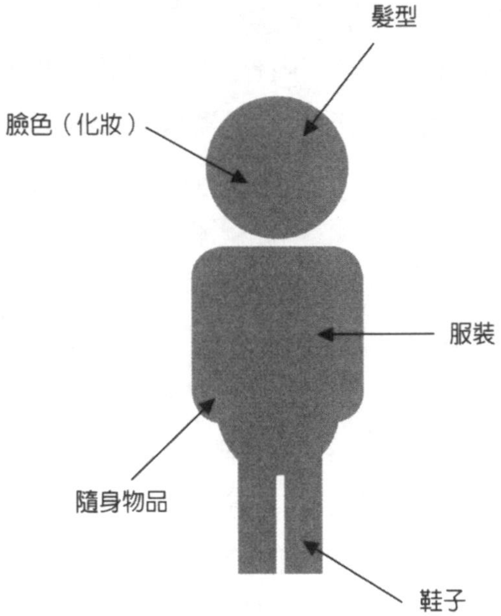

主講者本身的視覺效果

談了這麼多視覺輔助的效果，最重要的究竟是什麼？是主講者本身所代表的效果。不管主講者所做的投影片有多麼棒，所採用的整合導覽面板做得有多漂亮，自己本身的服裝儀容不得體的話，將導致整場簡報變得缺乏說服力。所以每位主講者都必須特別注意本身的服裝儀容。包括髮型、臉色或化妝、服裝、鞋子，甚至是隨身物品等等。

格格不入

主講者自以為是地覺得「好，看我的」，就決定穿上西裝出席簡報會議。到了現場才發現，現場的聽講者都穿得很休閒的坐在觀眾席。主講者當場就變成「火星人」，讓聽講者覺得格格不入。相反的，主講者隸屬的公司企業文化偏向輕鬆路線，公司裡大家穿著都比較隨便。但是去拜訪客人的時候，居然沒換件正式的服裝。結果見了客戶，被領進一間布置富麗堂皇的簡報室，中間還放了一張胡桃木的桌子。出席的聽講者全部是清一色的白襯衫、領帶，全穿著正式西裝。休閒風穿著的主講者又成了不折不扣的「火星人」。

選擇服裝

工作上的服裝是可以相當多元，但也就因為多元化，所以簡報會議上有時會讓聽講者產生不協調的感覺。雖然有許多組織走在時代的尖端，但是仍然有許多公司是非常重視傳統的保守派。如果是第一次接觸的對象，最好還是事先搞清楚對方在服裝方面的堅持，以避免發生不必要的尷尬狀況。

3-20 事前演練與臨場應變

視覺輔助器材

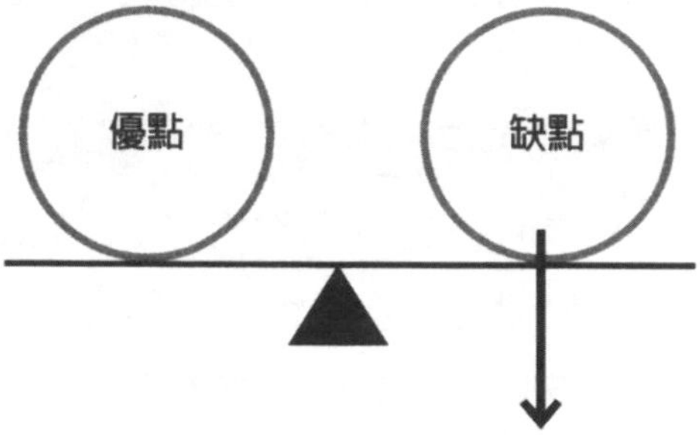

發生麻煩的可能性	風險預防對策
1. 硬體疏失 □電腦當機 □磁碟機毀損 □投影機故障 □機器的規格不合 ……	事前的測試 備用機器
2. 人為疏失 □線路接錯 □不知道如何操作 □操作錯誤 □變成機械化的演出 ……	風險預防對策

使用視覺效果的風險

視覺輔助效果的運用是相當具有衝擊性的。相對的也具有風險，可以分為「硬體疏失」和「人為疏失」兩種。硬體疏失包括電腦當機、磁碟機毀損、投影機故障、機器的規格不合等等。而人為疏失則有可能是線路接錯、不知道如何操作、操作錯誤、過度倚賴視覺輔助效果，而變成機械化的演出等等。

預防對策

或許有很多讀者樂觀的表示，「這種疏失發生的機率很低啦！」不過，就算機率很低，如果一旦遇到麻煩，在那個時間點，失敗機率就是百分之百。所以接下來要談的就是預防對策。面對非人為的疏失，只要能做事前的測試，以及安排備用機器就可以成功解決。至於人為的疏失，只要事先做彩排就可以避免。即使如此，疏失永遠會在沒有預料的情況下發生。就算發生，千萬不要驚慌失措。

當場的應變方法

如果麻煩真的發生了，主講者一定要用「現在才是見真章的時候」的心態冷靜以對。要把簡報內容拉回到正常運作的地方，再重來一次。或者向聽講者求援，「電腦當機了，在場有沒有人可以幫忙，告訴我該怎麼樣重新回到原先的設定？」為自己本身爭取轉圜的空間，才是最高明的做法。

註 1：一九〇四年發表「制約反射理論」的俄國學者巴夫洛夫，把兩者不相干的事物聯繫在一起，產生關聯性。只在餵食時，把搖鈴和餵食的時間前後拉近，搖鈴後馬上給食物。經過幾次之後，狗只要聽到鈴聲的刺激，就興奮的如同得到食物，唾液和胃液同時都有反應。在反應上，鈴聲可以取代狗食。

第 4 章
傳達具有說服力的訊息

4-1 說話要具有說服力

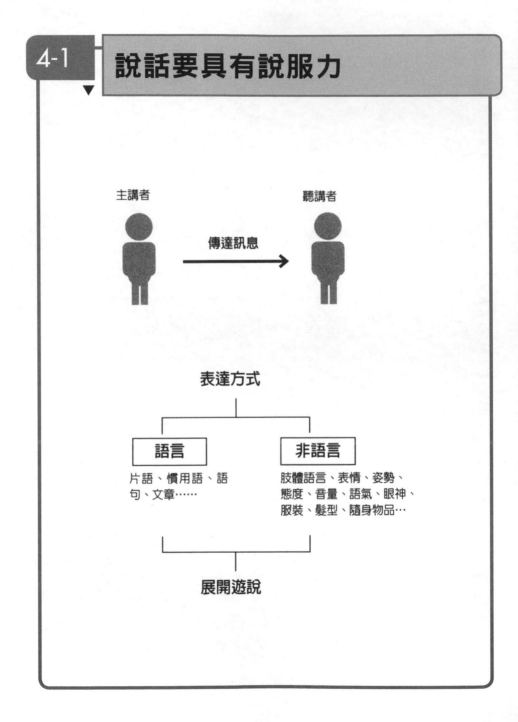

表達方式

語言

片語、慣用語、語句、文章……

非語言

肢體語言、表情、姿勢、態度、音量、語氣、眼神、服裝、髮型、隨身物品…

展開遊說

表達能力

讀者至此已經可以確立簡報的策略，完成腳本的架構，也清楚該如何運用視覺輔助效果，應該可以說是萬事俱備，就只剩下站在聽講者前面實際進行簡報。每一位主講者在簡報最後，都會希望聽講者能夠被自己說服，而做出贊成的決定。至於這樣的希望能不能達成，就要看主講者的表達能力。

兩種方法

先想想看，要傳達訊息給聽講者時，究竟應該用怎麼樣的方式。很多人也許會回答運用語言。利用各式各樣的片語和語句構成文章，還可以使用圖表、圖片，甚至展現實物。另一方面，利用態度表達訊息，以肢體語言傳達概念，甚至以眼神取代語言等等，有非常多的方法。綜合以上的敘述，可以簡單分為言詞和言詞之外的方法，也就是所謂的「語言和非語言」。一般的主講者通常都是用這兩種方法，將自己的想法傳達給聽講者知道。

善用語言和非語言的方法

主講者為了要說服聽講者，應該要選擇適當的言詞，利用簡單詞語構成文章，進行邏輯性的說明。然而臉上的笑容絕對不能消失，再運用語氣的抑揚頓挫添加簡報內容的說服力。豐富的表情搭配上適切的肢體語言，並用眼神捕捉聽講者的細微反應，以增加聽講者對自己的信賴度。如果能善用語言和非語言的方法，就能讓自己的簡報更具有說服力。

4-2 不可缺少的三種要素

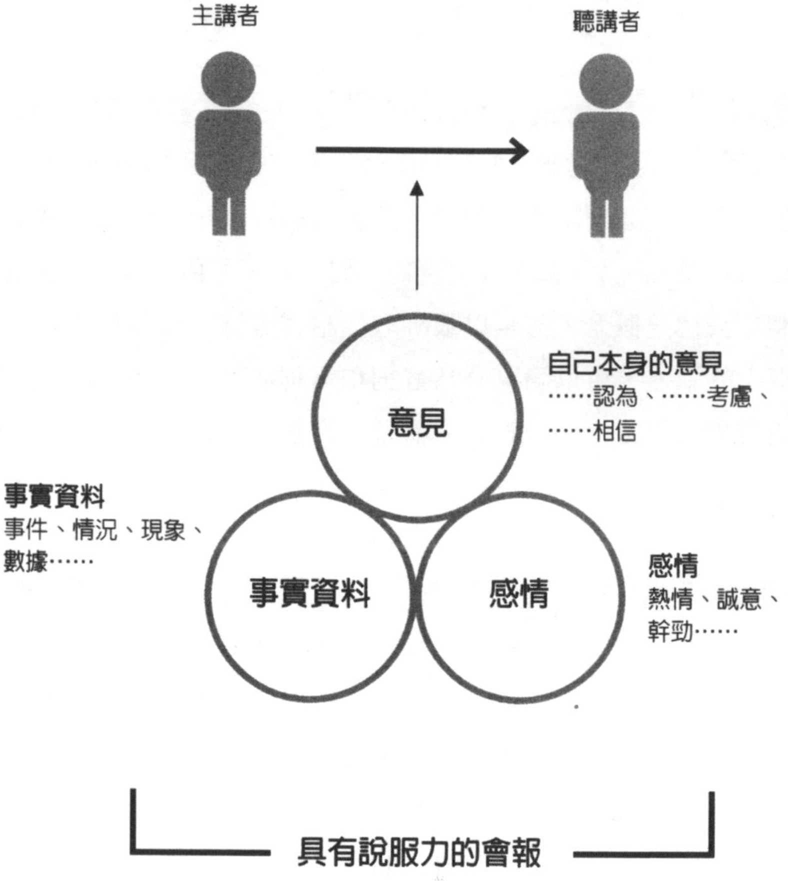

傳達事實

進行簡報時利用語言和非語言的方式將訊息傳達給聽講者，是要傳達什麼樣的訊息？當主講者要向上司提案改善工作環境時，就必須先要指出現有環境的問題。經過調查，現有的工作環境狀況顯示出幾個問題點，例如：會議空間嚴重不足、檔案資料過多、辦公室資產設備的位置不盡理想、空調系統毛病不斷等等。主講者所要做的就是將辦公室裡發生的「事實」，確切地向老闆報告。

表示意見

這樣又產生另一個問題。主講者只是單純的陳述事實：「辦公室會議空間嚴重不足」，老闆就會詢問：「然後呢？」因為老闆還是不知道主講者究竟是要建議增加會議室？還是提議要減少員工？主講者必須要針對事實清楚地表示自己的意見。面對問題提出意見。如果不這樣的話，自己的意見是無法充分地傳達給聽講者的。

表達感情

在說明工作環境的現狀後，還必須提出自己的意見。讓老闆充分理解後，接著主講者就要順水推舟，主動詢問老闆「考慮看看是否可行」。但是老闆卻遲遲沒有做出決定。這又是為什麼？老闆會認為，「如果真的非改變不可，自然會有人再次提案的」，所以只是傳達事實和表示意見是不夠的。如果不能讓對方感受到自己的企圖心、熱情、誠意、興致勃勃等等的感情，是不可能說服聽講者的。

4-3 喚起注意

1. 開場白

1. 向主持人致意
2. 問候聽衆
3. 自我介紹
4. 歡迎大家蒞臨指教

} 喚起聽講者的注意力

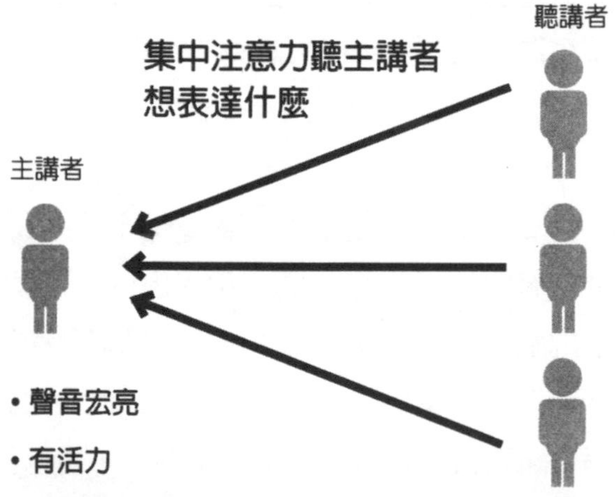

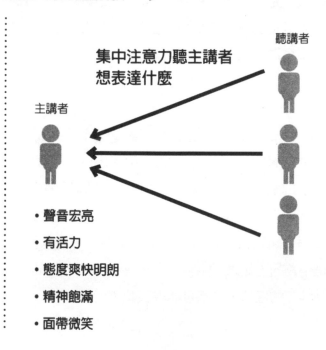

- 聲音宏亮
- 有活力
- 態度爽快明朗
- 精神飽滿
- 面帶微笑

引導聽講者進入聽講的情境

讀者應該已經準備好站在聽講者面前，正式開始進行簡報。在簡報中究竟應該要怎樣表現，才能把訊息傳達給聽講者，是讀者要深思的課題。主講者在主持人的介紹下，走上講臺，站在聽講者面前。常常臺上已經準備就緒，臺下的聽講者席卻還是人聲吵雜，大家彼此互相寒喧，搞不好還有夫婦一言不合就在現場吵起來。根本沒有人做好聽講的準備。

讓聽講者集中精神

在這種情況下，主講者首先要按部就班，向主持人致意，問候現場的聽講者、順便做個自我介紹。在這樣的流程裡，主講人必須想辦法讓聽講者集中精神。如果主講者一上臺只是自顧自的展開簡報，現場的聽講者也就有可能會覺得事不關己，對簡報內容充耳不聞。對大部分的聽講者來說，主講者的簡報內容會怎麼轉折，大概都是可以預期的。即使是講同樣的內容，如果主講者能用充滿活力、宏亮的聲音、爽快明朗的表達，就會讓聽講者呈現截然不同的態度。換句話說，非語言的表現方式，常常具有決定性的影響。

表現親切感

如果聽講者站在臺上顯得精神飽滿，用詞遣字簡潔有力，向主持人致意後又問候全場聽講者，並簡介自己。聽講者就很容易進入聽講的情境。接下來，主講者應該面帶微笑，表示對大家的光臨充滿謝意。大家可不要小看臉部表情的重要性，因為主講者的笑容可以縮短彼此的距離，更可以藉此營造聽講者對主講者的親切感。這樣的話，就可以算是個絕佳的開始。

4-4 沉著應對

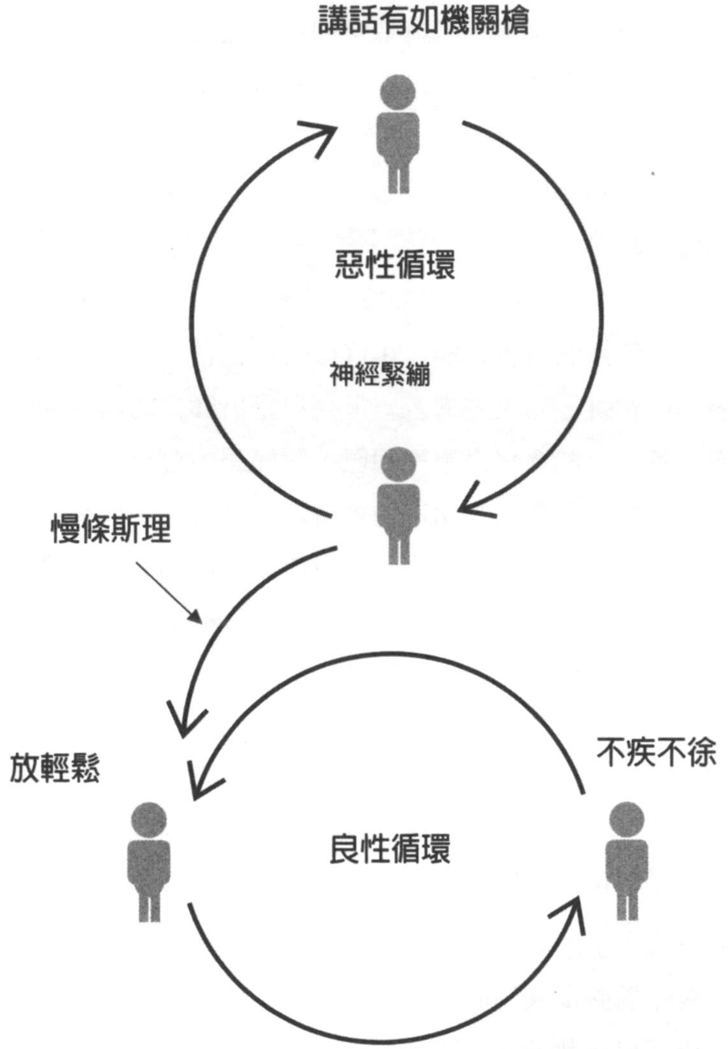

別急著說完

在主持人介紹完之後，主講者正式上臺，站在聽講者面前。如果主講者顯得侷促不安，一副想要趕緊結束才能解脫的樣子，講話速度快得像機關槍，聽講者根本聽不清楚簡報的內容。講話速度太快，反而讓自己更緊張，越緊張講話速度就會越快，整場簡報就有可能陷入惡性循環。身為主講者，一定要避免這種情況發生。

慢條斯理

要避免上述的惡性循環，開場是很重要的。在主持人介紹自己出場時，要慢條斯理地上臺。放慢上臺的速度，不疾不徐地站在聽講者面前。定位之後環顧一下全場，看看臺下究竟有多少聽講者。然後眼光注視主持人，放慢語調表示感謝，「多謝主持人的介紹」。可以稍微停頓一下，再問候在場的聽講者：「各位現場的朋友大家早。」藉著不疾不徐的動作，緩和本身的情緒，調整自己緊繃的神經，讓全身放輕鬆。如果能放慢步調，自然就能沉穩地進行簡報。

放輕鬆

在簡報的過程中發現自己有越來越緊張的情況，這時該怎麼辦？首先，放慢自己說話的節奏，減緩自己的動作，不妨稍微走動一下。但是要注意不要走太遠。「到這裡，應該還可以吧？」藉此和聽講者進行互動。這樣一來，主講者緊繃的情緒就可以得到舒緩。

4-5 提高聽講者的興趣

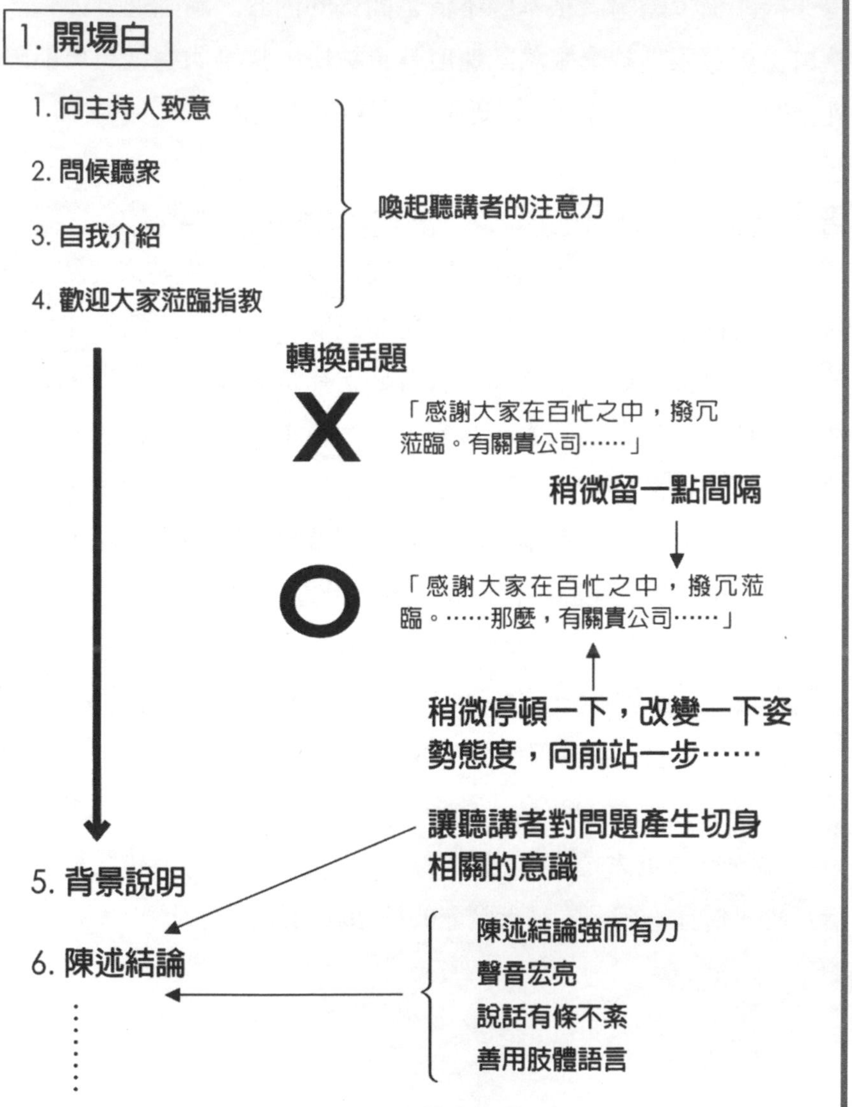
1. 開場白
1. 向主持人致意
2. 問候聽眾
3. 自我介紹
4. 歡迎大家蒞臨指教
喚起聽講者的注意力
轉換話題
X
「感謝大家在百忙之中，撥冗蒞臨。有關貴公司……」
稍微留一點間隔
O
「感謝大家在百忙之中，撥冗蒞臨。……那麼，有關貴公司……」
稍微停頓一下，改變一下姿勢態度，向前站一步……
讓聽講者對問題產生切身相關的意識
5. 背景說明
6. 陳述結論
陳述結論強而有力
聲音宏亮
說話有條不紊
善用肢體語言

融入其中

心情穩定下來，向在場的聽講者表示歡迎之意後，再進行背景和結果的陳述。最重要的是要讓聽講者「產生興趣」。找一個聽起來很有趣的主題，或是選擇一個有用的話題，也可以挑選一個和大家切身相關的問題，讓大家願意融入其中。選擇錯誤的話，就沒辦法引起聽講者的注意力。連帶著主講者的滿臉笑容也變得毫無意義，所以必須慎重處理。

轉換話題

如果主講者在表明歡迎，「今天非常感謝各位的大駕光臨」之後，馬上就切入主題「有關貴公司……」進行簡報背景說明，是最沒有衝擊性的。因為「歡迎」和「背景」是截然不同的，以戲劇比喻的話，就是所需要的場景不一樣，而改變了舞臺的設計。所以在問候完來賓之後，應該要稍微停頓一下，改變一下姿勢態度，向前站一步，再進行說明「那麼有關貴公司……」，聽講者才會隨著主講者所計算好的節奏進入簡報內容。

強調結論

如果想要讓自己的簡報更具效果，就必須明確指出「這就是問題所在」，讓聽講者產生切身相關的意識。聽講者會產生「那麼應該怎麼辦呢」的疑問後，自然就會對接下來的內容充滿期待。主講者接下來就必須能夠針對疑問做出解答，而且要用強而有力的語氣陳述「結論」。陳述的時候，必須用堅定的眼神環視在場的來賓，而且講話的聲音要宏亮，最重要的是講話有條不紊。若是能不時的握拳表達決心，就更完美了。這樣一來，主講者的提案就一定能夠得到聽講者的支持。

4-6 給予聽講者思考的空間

1. 開場白

1. 向主持人致意
2. 問候聽衆
3. 自我介紹
4. 歡迎大家蒞臨指教
5. 背景說明

- 為什麼會這樣？
- 到底是怎麼樣的內容？
- 應該怎麼做才好呢？

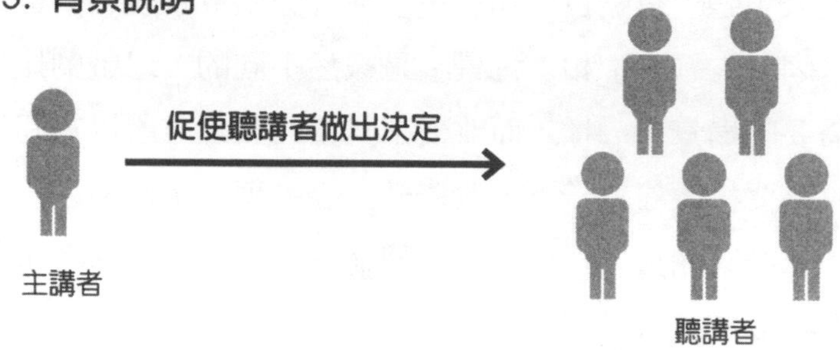

「怎樣才能提升工作的效率？」

「……」

預留間隔時間讓聽衆能夠思考

6. **陳述結論** 「要解決這樣的問題，就應該導入這個網絡系統」

自問自答

向聽講者提問

在開場白中說明背景，而且要讓聽講者對問題產生切身相關的意識，然後在陳述結論的時候，再提出解決的方案。聽講者對於提案的背景如果只是左耳進右耳出，根本沒有放在心上，那主講者隨後所提出的結論也就會變得缺乏吸引力。所以主講者在說明背景的時候，一定要讓聽講者感受到，這個提案和自己本身有切身關係，才會認真的去思考，「為什麼會這樣？」、「到底是怎麼樣的內容？」、「應該怎麼做才好呢？」等等的問題，才是向提案成功邁進一大步。要想讓聽講者願意去思考，不妨試著向他們提出問題。

讓聽講者找答案

提出「為什麼員工的工作意願低落？」，或者是「應該要怎樣做，才能讓業績的效率提升？」等等的問題，一定能夠挑起聽講者思考的情緒。聽講者通常在聽到這些問題之後，大概都會各自在腦海中開始思索究竟為什麼。這裡有個關鍵，提出的問題要以「是不是……呢」或「對嘛，這個部分是……」等句法，誘導聽講者的答案。如果聽講者回答的內容不在設定的範圍內，那麼原先準備好的腳本就變得完全派不上用場。

自問自答

為了讓整場簡報的進行能夠完全在自己的掌握之中，對聽講者提出問題之後，可由自己來做回答。在提出問題之後，不用馬上回答。馬上回答後會讓聽講者沒有時間思考。稍微停頓一下，留點時間讓聽講者去思考，再提出準備好的答案。在時間的拿捏上該如何掌握是非常重要的，不能太早，也不能太晚。

4-7 淺顯易懂的表達方式

1. 開場白

⋮

7. 執行流程

✕ 「那麼，究竟該怎麼樣才能解決貴公司所面臨的問題呢？針對前面所說解決貴公司所面臨的問題，怎麼說呢，接下來的三點，希望能夠提供大家做為參考的方向。有關這個部份，首先要跟大家分享的是……」

- **針對前面所提到的事**

「為什麼能解決針對前面所說解決貴公司所面臨的問題？怎麼說呢，我們可以分為三個部份來……」

→ 「如何能解決貴公司所面臨的問題？可以分為三個部份來……」

- **希望能提供給大家做為參考**

「以下的三點，希望能夠提供給大家做為參考的方向……」

→ 「分為三個部份做說明」

- **要跟大家說的就是……**

「首先要跟大家分享的是……」

→ 「第一點是……」

○ 「那麼，如何能解決貴公司所面臨的問題？可以分為三個部份來說明。第一點是…」

贅詞不要太多

主講者提出問題，讓聽講者對問題有更進一步的思考，也因此對接下來的所進行話題更有興趣。在提出結論之後，就該開始介紹整場簡報的流程。現實中常會碰到下列狀況，主講者也許會這樣說，「那麼究竟該怎麼樣才能解決貴公司所面臨的問題呢？針對前面所說解決貴公司所面臨的問題，怎麼說呢，接下來的三點，希望能夠提供大家做為參考的方向。有關這個部分，首先要跟大家分享的是……」。如果是寫文章，這樣的用字遣詞算是相當合宜的。但是這是簡報內容，最重要的是讓對方清楚知道自己要表達的意思，用一大堆敬語贅詞，只會讓對方模糊焦點，搞不清楚主講者究竟要表達些什麼。

針對提出的論點

分析看看針對剛剛所提到的流程介紹。應該把「為什麼能解決前面所說，解決貴公司所面臨的問題？怎麼說呢，我想可以從以下三個部分來說明……」，改成「如何能解決貴公司所面臨的問題？可以從三個部分來說明……」。而且最好直接是切入，「分為三個部分做說明」的說法，取代委婉陳述的「以下的三點，希望能夠提供給大家做為參考的方向……」。用詞最好簡潔有力，「首先要跟大家分享的是……」，最好簡化為「第一點是……」。

「給我能夠……的機會」

多數日本人在簡報會議中，常用「給我機會能夠——」這句話。「給我機會能夠提案」、「給我機會能夠報價」等等。有人還會用「讓我們有機會能」的說法，咬文嚼字根本不像是在說話。說話的藝術就是要淺顯易懂，做簡報的時候一定要簡單明瞭。

4-8 簡單扼要地說明

「今天藉這個機會跟大家分享一些新資訊，相信大家都知道敝公司的產品擁有最先進的技術，而我們現在要介紹的產品，可以有助於貴公司達成提升生產力的目標，就如同我們之前所提到的，貴公司目前所面臨的問題，就是要如何改善生產力的停滯，當然這絕對不是件容易的事，在追求提高生產力的同時，還必須同時兼顧降低生產成本的目標，然而現階段又無法避免價格戰，在市場上佔有領先地位的貴公司，可以說是唯一……。」

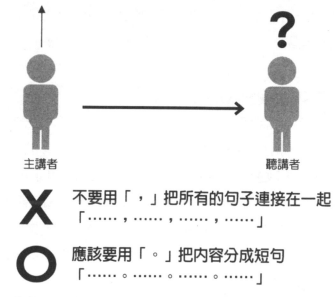

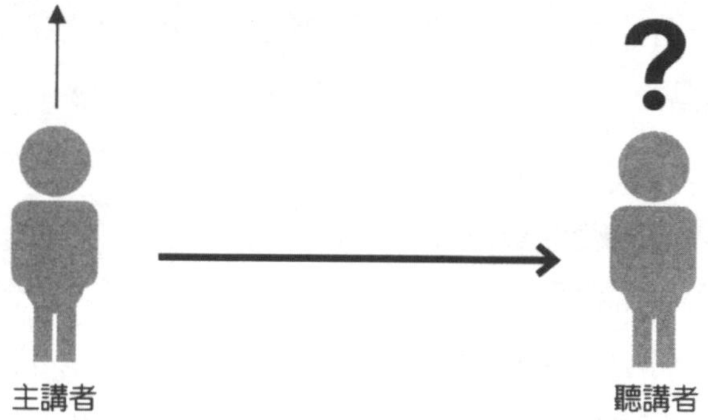

X 不要用「，」把所有的句子連接在一起

「……，……，……，……」

O 應該要用「。」把內容分成短句

「……。……。……。……」

「今天藉這個機會跟大家分享一些新資訊，相信大家都知道敝公司的產品擁有最先進的技術。現在，我們現在要介紹的產品，可以有助於貴公司達成提升生產力的目標。就像之前所提到的，貴公司目前面臨到該如何改善生產力的停滯的問題，當然這不是件容易的事。

我們知道貴公司在降低生產成本方面，可以說是有相當的成績。但是，現階段又無法避免價格戰，所以在市場上佔有領先地位的貴公司，可以說是唯一……。」

長篇大論

試著看看下列這段文章：「今天藉這個機會跟大家分享一些新資訊，相信大家都知道敝公司的產品擁有最先進的技術，而我們現在要介紹的產品，可以有助於貴公司達成提升生產力的目標，就如同我們之前所提到的，貴公司目前所面臨的問題，就是要如何改善生產力的停滯，當然這絕對不是件容易的事，在追求提高生產力的同時，還必須同時兼顧降低生產成本的目標，然而現階段又無法避免價格戰，在市場上占有領先地位的貴公司，可以說是唯一……。」文章還沒完！如果聽到這樣的長篇大論，不知道各位會做何感想。

沒有斷句的談話

這樣的談話內容太冗長了，當主講者專心於陳述簡報內容，想要把準備的所有資料都傳達給聽講者，就變成這樣一篇沒有斷句的談話。從聽講者的立場來看，他們知道主講者說的是國語，而且也知道主講者所陳述的內容片斷。但是整體來說，他們抓不到簡報的主旨是什麼。沒有斷句的敘述，讓聽講者搞不清楚主詞是誰。甚至有可能讓聽講者產生相互矛盾的解讀。

談話簡潔有力

因此主講者應該把長篇大論的內容，用簡潔的短句來陳述，讓整體的簡報變得更簡單明瞭。「今天藉這個機會跟大家分享一些新資訊，相信大家都知道敝公司的產品擁有最先進的技術。現在我們要介紹的產品，可以有助於貴公司達成提升生產力的目標。就像之前所提到的，貴公司目前面臨到該如何改善生產力的停滯的問題，當然這不是件容易的事。」繼續話題內容，才能讓聽講者清楚知道內容究竟在說些什麼。盡量利用「句號」把句子分割成短句，增加談話內容的簡潔度。

4-9 條列式陳述

「首先要跟大家提到是，最近我們公司的營業額呈現滑落的狀態，會造成這種結果的原因，跟之前我們所分析的是一樣的，問題主要是出在公司業務的推廣方式，再加上顧客的需求隨時在改變，想要解決這個問題，就必須推行業務組織的改革。其次，還必須針對業務人員的素質……」。

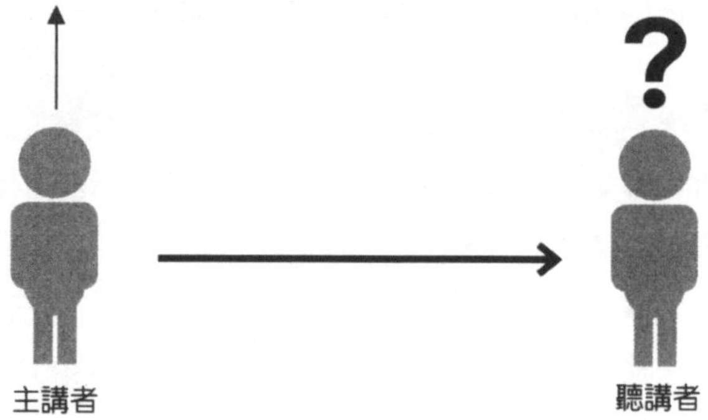

○ 條列式的陳述

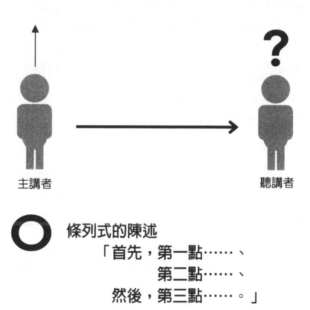

「首先，第一點……、
第二點……、
然後，第三點……。」

「今天要跟大家分享三個意見。首先，第一點是營業改革。第二點是人才養成。最後，第三點是要針對人事制度提出一些建議。接著，就從第一點的營業改革開始談起。最近，我們公司的營業額呈現滑落的狀態。會導致這樣的原因，還是跟過去一樣，主要是營業推廣方式。再加上客戶的需求隨時在改變，想要解決這個問題，就必須推行業務組織的改革。……」

內容分類整理

為了讓簡報的內容簡潔有力，必須把談話的內容加以整理分類。大多數主講者選擇的說明方式，都像電腦輸入般地從頭講到尾。聽講者很難掌握到簡報的整體內容，可能連簡報內容哪裡該分段也搞不清楚。這場簡報究竟會講多久，他們心裡也沒個譜。像是把聽講者丟到人生地不熟的地方，會讓他們產生不安的情緒。要消除聽講者的不安，最好先把簡報的內容做好分類，利用條列式的方法加以陳述。

利用號碼條列

如果主講者採取冗長又缺乏重點的陳述方式進行簡報，「首先，要跟大家提到的是，最近我們公司的營業額呈現滑落的狀態，會造成這種結果的原因，跟之前我們所分析的是一樣的，問題主要是出在公司業務的推廣方式。再加上顧客的需求隨時在改變，想要解決這個問題，就必須推行業務組織的改革。其次，還必須針對業務人員的素質……」，很容易讓聽講者產生反感。為了不分散聽講者的注意力，主講者應明確地指出陳述的內容項目，然後利用號碼加以條列。「首先，第一點是營業改革。第二點是人材養成」，簡短的指出重點。

強調的手勢

再跟讀者分享一個經驗談，不要只是單純利用號碼加以條列項目，還要活用肢體語言。當主講者準備陳述「第一點意見……」的時候，可以伸起一隻手指頭來加以強調數字。同樣的，當提到「第二點是……」也可以照做。因為大部分的聽講者會對眼睛所看到的東西感興趣，而且這些手勢還能幫助他們瞭解，讓他們留下深刻的印象。對於主講者來說，簡報進行的速度也可以因此而加快，手勢同樣具有視覺輔助效果的功用。

4-10 延伸腳本的黃金三步驟

X 沒頭沒腦的話題

「人事政策主要是目標管理和人材養成。目標管理主要可以分為評價制度和…」

黃金三步驟發展延伸

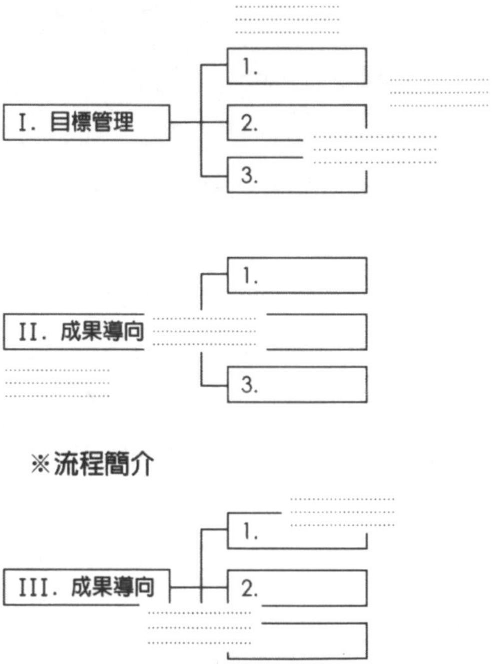

O 有條不紊的說明

「為了正確運用人事政策，就必須著重於目標管理、成果導向，還有就是人材養成之間的連帶關係。首先，就針對目標管理制度跟大家做說明……」

沒頭沒腦的話題

簡介完流程之後，就該進入簡報的主體，這也是整場簡報的核心，是見真章的時候。以事前規劃好的腳本為基礎，正式展開簡報的說明。主講者應該已經對黃金三步驟的結構瞭若指掌，按部就班把內容傳達給聽講者。舉例來說，「人事政策主要分為三個部分，分別是目標管理、成果導向和人材養成。而目標管理又分為評價制度和……」，但這樣直接描述卻會沒頭沒腦。

根據分類項目做說明

主講者腦海中的黃金三步驟，是簡報內容的構成項目。這些項目必須按照順序做說明。「為了正確運用人事政策，就必須著重於目標管理、成果導向，還有就是人材養成之間的連帶關係。首先，就針對目標管理制度跟大家做說明……」。簡報不是單純地陳述黃金三步驟的結構，而是根據結構加以說明。

以平常的語氣說話

主講者把結構記在腦海中，再加以發展延伸，在簡報中靈活運用。不是要熟背所有內容，而是要把日常生活中所思考的東西、自己的意見、收集的情報，以及自己獨特的想法，依照結構加以組織後跟大家分享。說話方式最好使用平常的語氣，做簡報沒必要裝腔作勢。用自己的語氣說話，反而容易讓簡報更具說服力。

4-11 著重邏輯性

X 小學生的作文

「今後，市場上的價格競爭會越來越激烈。新進入的廠商也在陸續增加。外資企業也開始加入戰局」

連結詞必須表示邏輯性

「所謂…」＝表示理由
「總之，…」＝摘要、概括
「但是，…」＝否定
「所以，…」＝表示結果
「舉例來說，…」＝舉例證明

O 具邏輯性的內容

「今後，市場上的價格競爭會越來越激烈。這是因為新進入的廠商陸續在增加的關係。舉例來說，外資企業也開始加入戰局」

小學生作文

根據腳本架構的黃金三步驟，做下列的內容陳述：「今後，市場上的價格競爭會越來越激烈。新進入的廠商也在陸續增加。外資企業也開始加入戰局」。這樣的句子水準跟小學生的作文一樣，這段話是沒有邏輯的。內容要合乎邏輯，該怎麼樣把不同的概念巧妙地連接在一起，才是關鍵所在。

善用連接詞

以前述的例句來看，只能靠聽講者自己動腦筋，憑想像力去揣摩談話內容。換句話說，就是要靠聽講者的智慧來決定簡報的發展方向，所以要善用連接詞讓簡報的內容有邏輯性可言。添加了連接詞之後，句子就會變成「今後，市場上的價格競爭會越來越激烈。這是因為新進入的廠商陸續在增加的關係。舉例來說，外資企業也開始加入戰局」。這樣一來，就可以輕易地讓聽講者知道簡報的前因後果。一般來說，「總之」是用來概括內容、「但是」表示反論、「所謂的」則可以說明原因、而「所以」則是表示結果。做簡報的另一個重點就是，要選擇合適的連接詞，將腳本的黃金三步驟做巧妙的串聯。

流暢地進行

相信每個主講者都希望自己在做簡報的時候能夠進行流暢。進行流暢並不是要求主講者講話不斷句，或是講話速度很快。而是將自己所要傳達的多種概念用貼切的詞彙相連接，以架構出簡報的完整內容。稍微回想看看，周遭是不是有些人的談話內容總是不清不楚。下次再碰到他，不妨注意一下他所使用的連結詞。要不就是他說話不用連接詞，不然就是用錯連結詞，絕對只有這兩種可能。

4-12 減少不必要的發語詞

X 過多贅詞

那個嘛……嗯……這個……
啊……喔……嗯……

X 不斷重覆相同用語

「姑且……、姑且……、姑且……」
「大概……、大概……、大概……」
「恐怕……、恐怕……、恐怕……」
「基本上……、基本上……」
「如同剛剛所說過……、如同剛剛所說過……」
「正如您所說的……、正如您所說的……」

O 讓自己有換氣喘息的時間

換氣

「那麼，嗯，就針對新產品，這個部份，跟大家做個介紹……」

停頓換氣

會被看穿

主講者的思緒不夠清楚，或是想得不夠嚴謹時，就產生「嗯」、「那個」、或是「這個」等等聲詞。因為主講者忘記自己接下來該說些什麼，或是根本就對自己所說的話沒有信心。贅詞用得太多，會讓聽講者很難接受。這樣的內容不僅讓聽講者抓不到重點，還會使主講者的弱點輕易就被聽講者看穿：「這個人連自己要講什麼都沒整理好。」所以主講者事前必須要做好萬全的準備，以避免自己受到任何雜音的影響。

省略發語詞

如何省略這些不必要的發語詞？主講者本身必須先清楚知道陳述的內容，而且要對所講的內容有信心。但是現實生活中，難免碰到緊急狀況，還沒準備好就得上臺，或有時候得針對突發的話題表示意見。遇到這種狀況又該怎麼辦呢？這種時候，主講者就得非常注意自己的用詞，特別在句尾的部分省略這些不必要的發語詞。意識到自己想說「嗯」的時候，記得把「嗯」吞下去，讓它沒有聲音。可以替自己的談話加入停頓的空間，會讓談話的整體內容更具說服力。

減少口頭禪

沒有意義的口頭禪是簡報大忌。主講者在講話過程中「姑且……、姑且……、姑且……」不斷地使用。類似的用詞還有其他的「大概」、「恐怕」，或是「基本上」。還有主講者會不停用比較長的語句：「如同剛剛所說……」、「正如您所說的……」，這只會讓聽講者扳著手指頭去算，主講者到底重複了幾次同樣的話，無心去傾聽簡報的內容。口頭禪最好要改掉，主講者擔心有這樣的問題卻不自覺，可以在做簡報的時候，用攝影機把過程錄下來，然後在事後進行確認。

4-13 適時停頓以加深印象

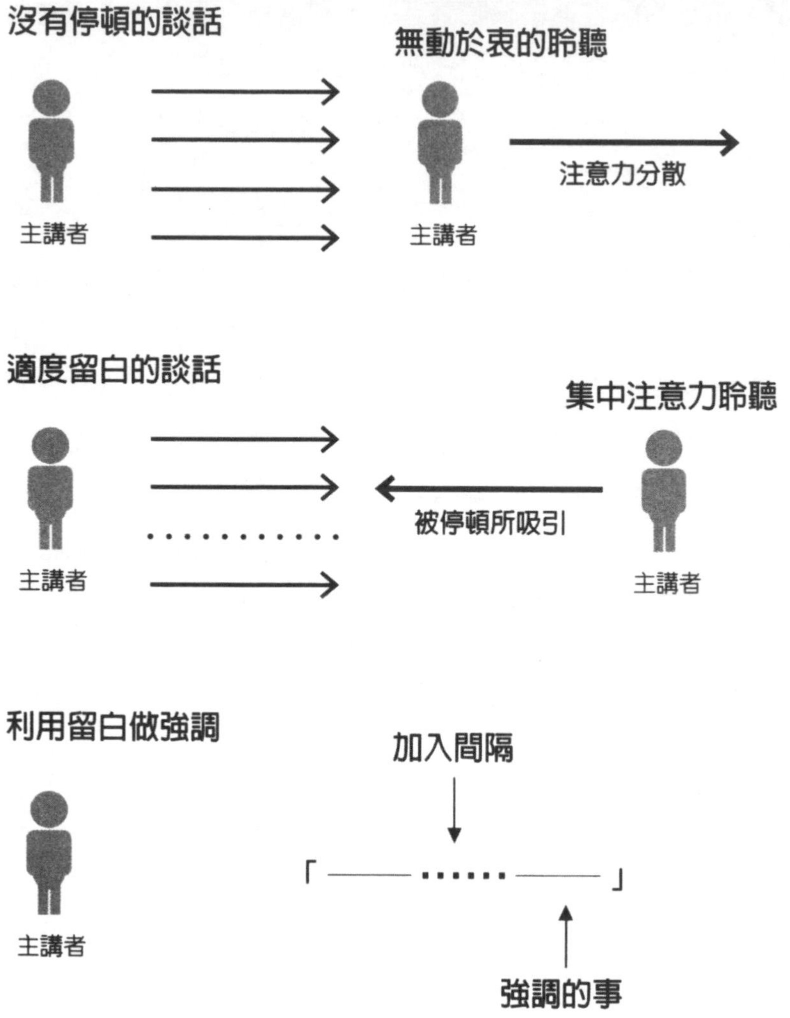

沉默的壓迫

主講者想要讓自己的簡報變得有吸引力，就會使自己變得能言善道。在主講者的腦海中，一定裝滿了許多想要說的話，而且想要一股腦的全部傳達給聽講者。會產生這種不停頓的簡報，因為主講者害怕自己沉默時，會場就會陷入一片寂靜。一般談話時其中一方停頓，另一方自然會接話把留白填滿。

沉默的效用

但是在不停頓的簡報中，聽講者容易不為所動，只是機械化地接受訊息，對於簡報內容只是左耳進右耳出。主講者越是想要強調的部分，聽講者越是容易分心。主講者不妨稍微停頓一下，不是要主講者一、兩分鐘不說話，而是停個幾秒鐘，就是前述中為簡報添加留白。聽講者反而會受這樣的停頓所吸引。

利用留白做強調

另外一個技巧是，主講者在所要強調的重點之前，添加一段留白，再提出所要強調的事。舉例來說，如果主講者想要說的是，「為了因應外在的變化，必須對組織進行變革」，尤其是想要強調「組織變革」。這個時候就應該在講完「為了因應外在的變化」時停頓一下。在這沉默的瞬間，用堅定的眼神環視在場的聽講者，然後告訴大家「必須對組織進行變革」。這樣一來，主講者所要強調的重點，一定會讓聽講者印象深刻。

4-14 豐富多元的表現方式

聲音的變化

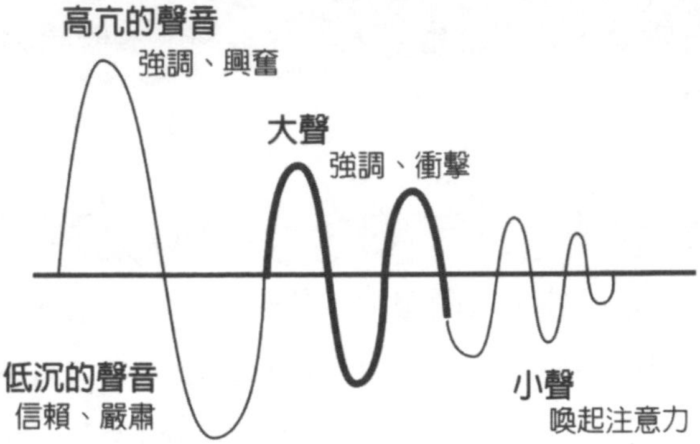

說話速度的變化

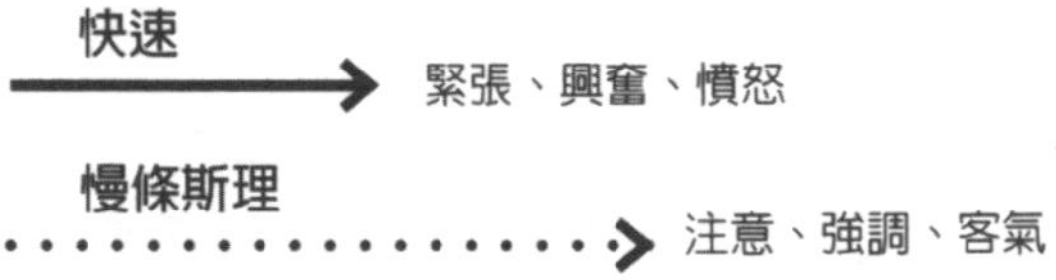

和聽眾間的距離所造成的變化

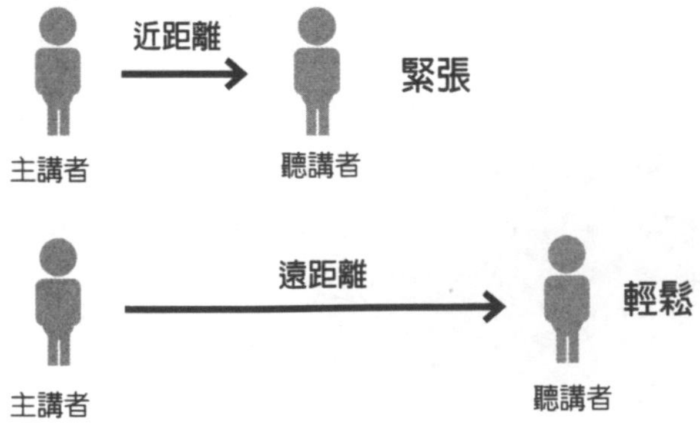

平順的談話

主講者發現，現場有人睡著了應該怎麼辦？這個時候也不可能指責聽講者。聽講者會打瞌睡，主講者得負起全部責任。主講者講話太過平淡，讓簡報本身變成搖籃曲，聽講者當然容易進入夢鄉。事實上，許多聽講者根本就認為簡報會議是補眠的大好時機。所以主講者一定要想辦法讓簡報更具變化性，才能喚醒聽講者。

音調的高低和說話的速度

要想讓簡報具變化性，可以改變一下音調的高低。主講者在進行簡報的時候，有些部分可以提高音調，有些部分則可以用近似耳語的音調來進行。還有高亢的聲音會讓聽講者感受到緊張的情緒，而低沉的音調則可以營造嚴肅的氣氛。或者也可以利用講話速度的改變來增加變化性。時而講話有如連珠炮，時而一字一句慢慢陳述。主講者只要能夠將音調和速度的變化應用自如，那麼在簡報進行的過程中，聽講者就應該沒有機會打瞌睡。

和聽講者的距離

還有一個可以增加變化的方法，那就是調整和聽講者之間的距離。如果主講者一直站在相同的位置，對聽講者來說，不會出現太多的變化。所以試著採取一邊講話一邊移動的方式。移動的過程中，縮短和聽講者之間的距離。距離越近，就會讓聽講者感受到緊張的情緒。當然距離越遠，聽講者就會顯得比較輕鬆。如果主講者發現有聽講者開始打呵欠，就可以一邊講話一邊走到聽講者附近，聽講者應該就會很自然的打起精神。

4-15 善用肢體語言

言語和非言語的表現一致的狀況下

相信主講者所說的話

言語和非言語的表現不一致的狀況下

聽眾不相信主講者所說的話
相信主講者所展現的非言語表現

靜止不動的主講者

主講者講話的時候從頭到尾站著不動，聽講者就像看著一幅靜止不動的畫。聽講者的忍耐力若不是超乎常人，恐怕很快就膩了。主講者應該要善用肢體語言，擺動身體；還是運用手勢；甚至是搭配臉部的表情。讓自己的簡報變成「動畫」。既然是動畫，下一秒鐘會發生什麼事沒有人知道，聽講者就會持續充滿期待。

本能反應

如果善用肢體語言，就對簡報有加分效果，變得更具說服力。聽講者通常會在不自覺的狀況下，受主講者的肢體語言所吸引，對簡報來說，肢體語言是絕對不可少的。那麼該怎麼做呢？這一點也不難。首先為自己製造驅使本能的情緒。隨著這種本能，讓自己所使用的語言能有加成的效果。真的認為自己要說的是很重要內容時，可以握緊拳頭來表現，加深聽講者情感上的衝擊。

聽講者相信非言語的表現

主講者手拍胸脯，強而有力的表明「請交給我來辦」，應該會讓大部分的聽講者覺得可以信賴。如果主講者低著頭，顯得有些隨便，或是兩手插在褲子口袋裡，一副提心吊膽的樣子，恐怕沒有人會相信他所說的話。提供一個經驗談，如果言語和非言語表現能夠一致，傳達訊息時就會有加分的效果，但是表現不一致的話，多數的聽講者都會選擇相信他們所看到的非言語表現。

4-16 態度從容

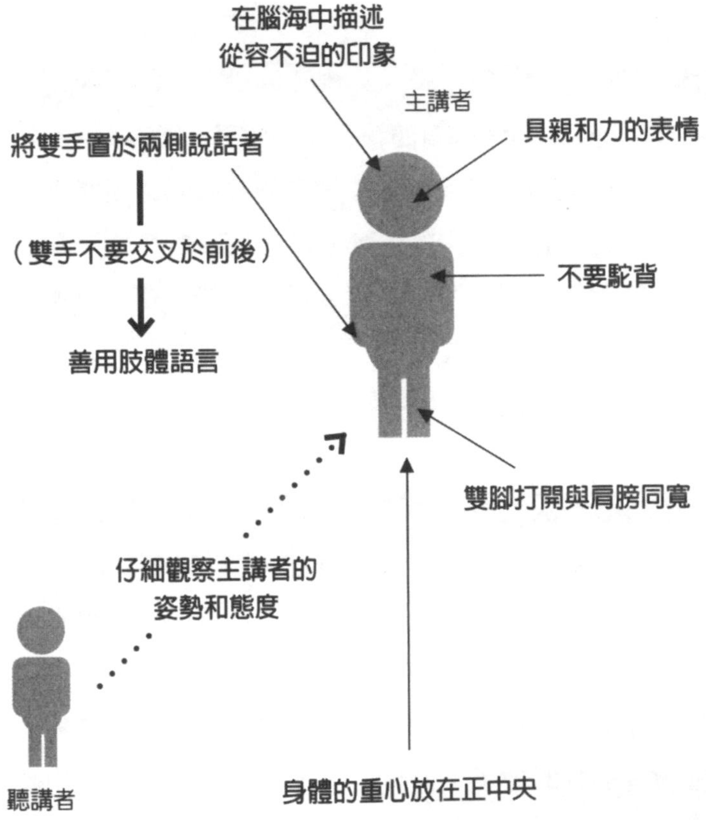
在腦海中描述
從容不迫的印象
主講者
具親和力的表情
將雙手置於兩側說話者
（雙手不要交叉於前後）
善用肢體語言
不要駝背
雙腳打開與肩膀同寬
仔細觀察主講者的
姿勢和態度
聽講者
身體的重心放在正中央

主講者的態度

充分運用肢體語言就會讓身體的表情變得豐富。另外一種呈現身體表情的方式，就是主講者的姿勢和態度。許多主講者會主觀認定，只要簡報內容符合邏輯，就可以說服聽講者。當然簡報的內容具邏輯性，可以讓聽講者瞭解到自己所要傳達的內容。但是聽講者會不會相信，那就是另外一回事。通常聽講者會根據主講者所表現出來的態度，去判斷內容是否值得信賴。

姿勢呈現主講者的人格特質

如果主講者不習慣在眾人面前說話，那麼態度就會顯得提心吊膽、畏畏縮縮。面對這樣的主講者，善意的聽講者也許會加以體諒。聽講者若是客戶、有利害相關的對象，或是較為挑剔的聽講者，看到主講者的表現之後，對整個簡報頂多是採取半信半疑的態度。此外，因為疲憊而顯得懶洋洋的，或是因故有所不滿，而懷著高傲的態度，會讓主講者被貼上不合格的標籤。換句話說，姿勢會呈現出主講者的人格特質。

從容不迫地進行

到底該怎麼做才能從容不迫地進行簡報？雙腳打開與肩膀同寬，身體的重心放在正中央，站著的時候要抬頭挺胸。絕對不可以把身體的重心放在一隻腳上，雙手不可以交叉擺在身體的前後，而置於兩側伺機而動。可以善用肢體語言，背脊挺直不要駝背，讓自己處於從容不迫的狀態，而且要增加自己的自信，就可以很從容地進行簡報。

4-17 確認聽講者的接受度

聽講者的非言語表現	聽講者的心理狀態
點頭	同意
持續點頭	催促主講者
閉目	主講者的非言語表現不足
歪頭	心中有疑問
挽臂	考慮中
在記事本上塗鴉	不耐煩
把玩物品	感到無聊
托腮	暫時不做決定
蹺腳	放輕鬆
頻繁地交叉雙腳	心情不好，無法定下心來
看窗外	不感興趣，想早點回家

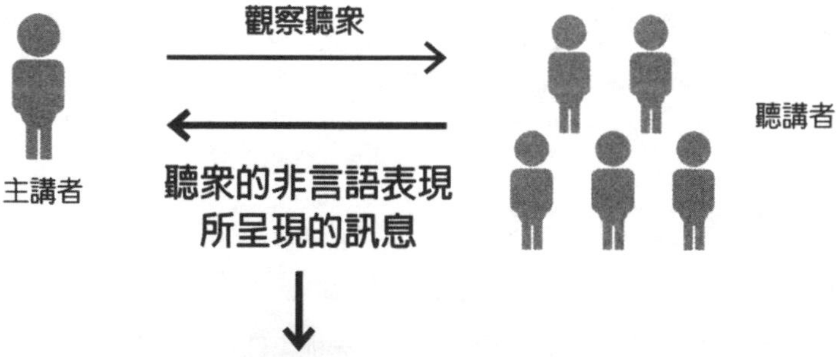

- 重覆說明
- 詳細解說
- 引用其他的例子
- 轉換話題
- 修正內容
- 改變速度

偏頭的聽講者

主講者在簡報開始之後，頭腦、嘴巴都陷入忙碌狀態。主講者打算在簡報的主題第二大項中，傳達非常重要的內容。聽講者卻是偏著頭在聆聽，一副沒什麼了不起、不過如此、接受度不怎麼高的樣子。主講者卻沒把這個現象放在心上，只把所有的心思放在做簡報上。

觀察聽講者

主講者發現上述的狀況卻無動於衷，聽講者很快就會放棄聆聽，停止思考，開始閉目養神，主講者等於失去了一個聽講者。事情要是變成這樣，主講者就不可能說服聽講者。所以不管多忙，主講者一定要記得觀察聽講者，確認他們對簡報內容的理解程度。察覺到聽講者可能沒聽懂時，必須再三加以說明，或是做更詳細的解說，甚至引用其他例證等等。一定要利用各種方法，讓聽講者明瞭自己所要陳述的內容。

聽講者所傳達的非言語訊息

聽講者即使不說話，也會透過非言語的方式傳達訊息。聽講者歪著頭；或是手摀著嘴巴等動作，就是他們心中懷有疑問的最佳證明。若是聽講者的眼神渙散，顯得坐立難安時，就表示他們對主講者所說的內容感到不耐煩。如果聽講者開始頻頻朝窗外看，就意味著他們想要離開現場，所以身為主講者必須隨時注意聽講者的一舉一動。

4-18 用眼神說服

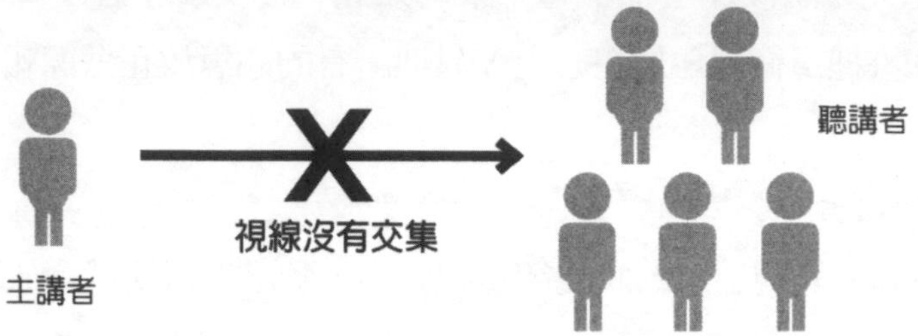

• **所給予的印象**

冰冷、強辯的、沒經驗、沒自信、不值得信賴……

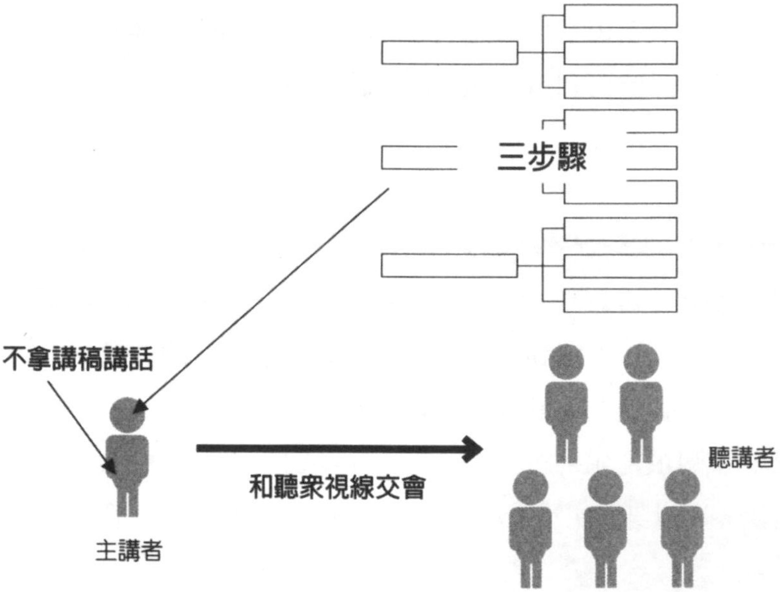

• **所給予的印象**

誠實、親切感、熟練、有自信、可以信任……

對主講者進行評估

聽講者通常會一邊傾聽主講者所陳述的內容，同時從頭到腳仔細打量主講者，加以觀察分析。他們會評估主講者：「這個人所講的話，真的可以信任嗎？」而從主講者的立場來看，這些評估自己的聽講者是很可怕的人物。可以的話，根本不想跟他們有任何視線上的交會。因此讓自己的視線鎖定在螢幕上，讓自己覺得比較輕鬆。

視線的含意

但是主講者刻意避開聽講者的視線，反而給人不好的印象；不誠實、沒經驗、軟弱無力，或是企圖隱瞞什麼事。主講者一開始就打算給人這種印象，就緊盯著所準備的資料進行簡報即可。如果主講者希望給予聽講者值得信賴的印象，令人感覺幹練，或是有實力的話，就應該在簡報的時候和聽講者視線交集。不妨試試看，和關鍵人物眼神交會的同時，用眼神告訴他們：「請交給我來處理。」產生的效果之佳會讓主講者大吃一驚。

不拿講稿說話

記得，不要帶著講稿上臺說話。主講者不用擔心忘詞的事，因為自己的腦海中應該有很具體的簡報結構。不拿講稿上臺說話，才能充分運用自己的肢體語言。因為拿講稿上臺說話，主講者就沒有東西可以看，這樣就會迫使自己注視聽講者。如果能看著聽講者，就有機會和聽講者產生視線的交集。若是能夠把誠意注入這種視線裡，將會讓自己變成一個值得信賴的人。而且主講者一邊看著聽講者一邊進行簡報，就不會有聽講者落跑神遊的事情發生。

4-19 調配時間

X 加快說話速度以爭取時間

O 省略黃金三步驟中的小段落

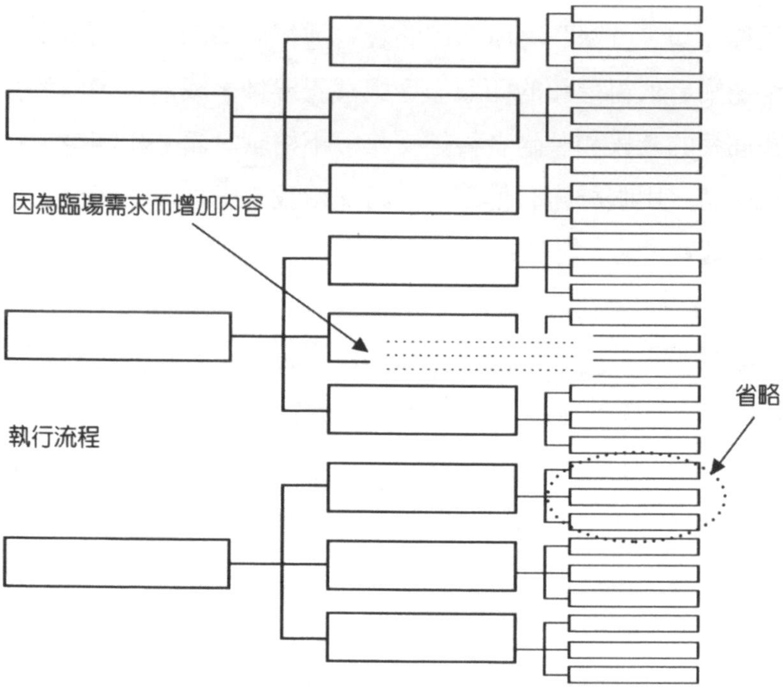

加快說話速度以爭取時間

主講者依照內容需要控制說話速度快慢，加上絕妙的肢體語言，並利用眼神和聽講者交流，展開一場極具說服力的簡報。一切正如預期漸入佳境的時候，卻猛然發現時間所剩無幾，可真是傷腦筋的狀況。為了讓簡報的內容能夠完全地呈現給聽講者，主講者只好加快說話速度。卻讓聽講者搞不清楚發生什麼事，一臉茫然。

省略小段落

在此提供一個忠告，就算時間不夠，也絕對不要加快說話速度。加快說話速度對主講者和聽講者雙方都沒有好處。發現時間可能不夠，就想辦法把腳本中的小段落省略掉，用平常說話的速度繼續進行簡報。小段落指的是參考案例、相關情報，或者是添加的補充說明。不講這些內容，也不會對整體概念有太大的影響。

臨場增加內容可調配時間

也有相反的情況，那就是快講完了才發現時間還剩很多，這個時候要提前結束也是可以。但是不影響其他後續簡報進行的狀況下，最好是要按照預定的時間表。內容不足時應該怎麼辦？進行簡報的時候，就應該要隨時注意時間，隨時加以調整。主講者是把整個簡報的腳本內容全都背下來的，碰到這種狀況恐怕不知所措，因為背稿子讓他們沒辦法去思考。但是對於那些只記大綱，臨場再依照黃金三步驟的順序添加內容的主講者來說，就可以即興增減內容，藉以調配時間。

4-20 畫下句點

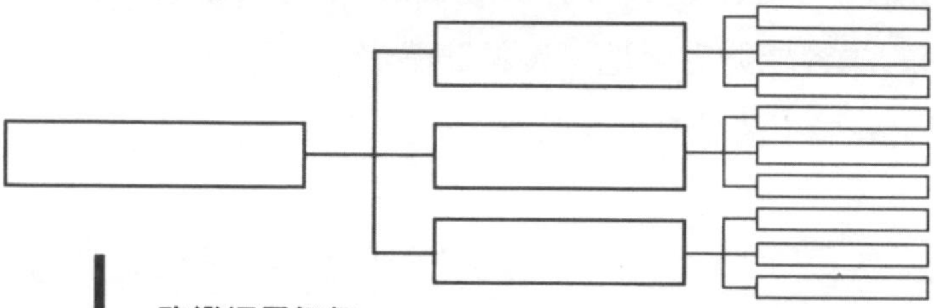

改變場景氣氛

1. 總結

1. **摘要**

   「在剛剛的簡報中跟大家分享的主要內容，包括第一段是……、第二段是……、然後第三段則是……」

2. **結論**

   「在經過上述的說明，相信大家都已經瞭解，透過這個體系可以讓貴公司的營業額大幅提升，並在市場上取得優勢」

   ← **與關鍵人物目光交會**
   運用肢體語言

3. **下一個步驟**

   促使聽講者做出最後決定
   說明後續動作的進行

4. **寒暄**

   表示感謝的寒暄 ←―― 真誠的表達心中的想法
   「由衷感謝」

總結

總算進入整場簡報的總結階段。最後關頭再加把勁，成功的果實就在眼前。首先，把簡報內容的主體做個摘要，讓聽講者回顧一下整個概念。主講者一定要記得更換場景氣氛。做個深呼吸；降低一下音調；再不然變換個位置也可以。改變場景氣氛之後，再開始進行總結：「剛剛的簡報中跟大家分享的主要內容，包括第一段是……、第二段是……，然後第三段則是……」。

做出令人印象深刻的結論

摘要做完之後，記得再一次陳述結論：「在經過上述的說明，相信大家都已經瞭解，透過這個體系可以讓貴公司的營業額大幅提升，並在市場上取得優勢。」因為結論是整場簡報最重要的，也必須是最讓人印象深刻的。別忘了在說話的時候，目光要與關鍵人物交會，再搭配上肢體語言，強而有力的陳述結論。絕對不可以害羞，害羞不會為自己帶來任何好處。如果主講者真的希望自己的提案被採納，就必須克服羞怯而努力。

最後的寒暄

結論講完，就要促使聽講者做出最後決定，並進行後續動作的說明，然後就是最後的寒暄。對主講者來說，一開始擬定腳本的時候，就得考慮到最後該如何以感性的結語為整場簡報畫上句點。主講者得再一次轉換現場的氣氛。可以稍微停頓，用感性的聲音描述當下的心情。把心裡所想的直接說出來就可以了。等到感性的結語說完之後，可以再做一次停頓，最後向大家表明「由衷感謝」。

第 5 章
利用雙向交流完成目標

5-1 彼此交流以獲得共識

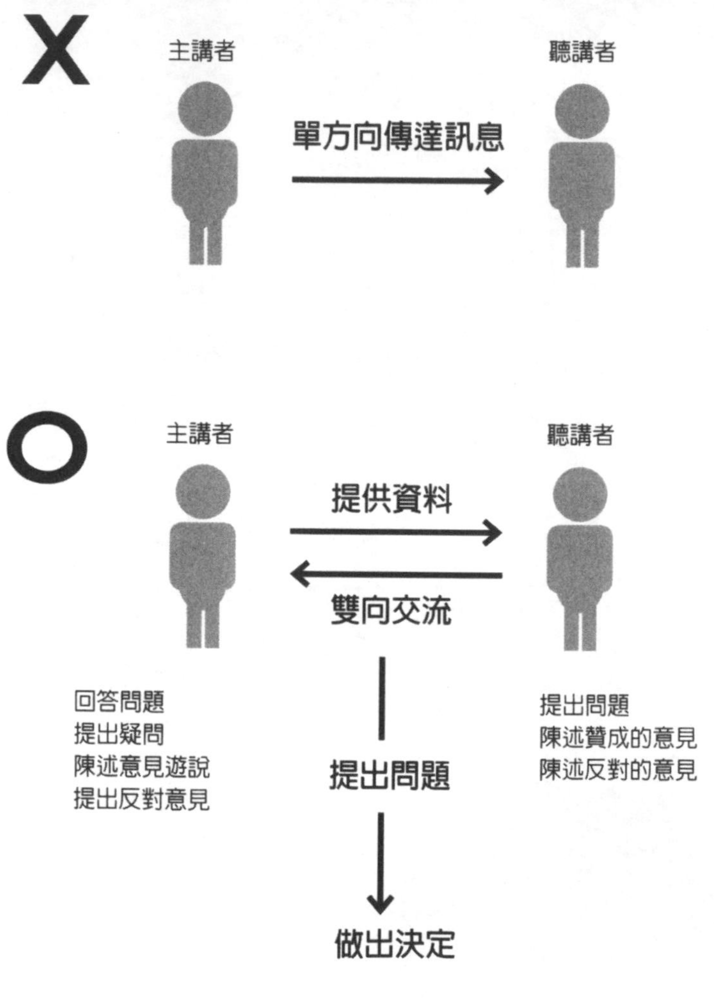

雙向交流的簡報

換個角度，如果把主講者和聽講者的角色互換，試想這整場簡報都是臺上的人單方面描述，在聽完簡報之後，自己會不會說好？聽講者有疑問的時候通常會想要馬上提出，或者是出現反對意見時想要立刻溝通。雙方互相陳述意見，達到共識就可以做成最後決定。大部分的人都是這樣想的。從現在開始，別再採用單方向傳達訊息的簡報方式。

簡報中的不明之處

另一點很重要的是，有些主講者會在簡報一開始就說：「如果有任何問題，可以等到簡報結束後再一起發問……」，這樣的安排根本是只顧自己方便。主講者不希望簡報被打斷，才會在一開始就對聽講者預設了這樣的前提。這樣一來，聽講者在簡報的進行過程中，就算有不明白的地方也沒辦法發問。必須在有所疑問的狀況下，繼續聽著簡報。這樣的情境對很多聽講者來說，是很痛苦的折磨。

隨時提問

所以為了避免讓聽講者承受這種苦痛，主講者最好在一開始就告訴大家：「過程中有任何疑問，請隨時打斷我進行發問。」當聽講者提出問題的時候，當下立刻解答。把聽講者的問題解決之後，再繼續接下來的簡報。也許有些讀者會產生疑問，「這樣的話，簡報不就會變得零零落落的？」這倒是不用擔心，簡報的架構由主講者所掌控，所以回答完聽講者的問題之後，再把話題拉回主架構就可以了。

5-2 和聽講者交換意見

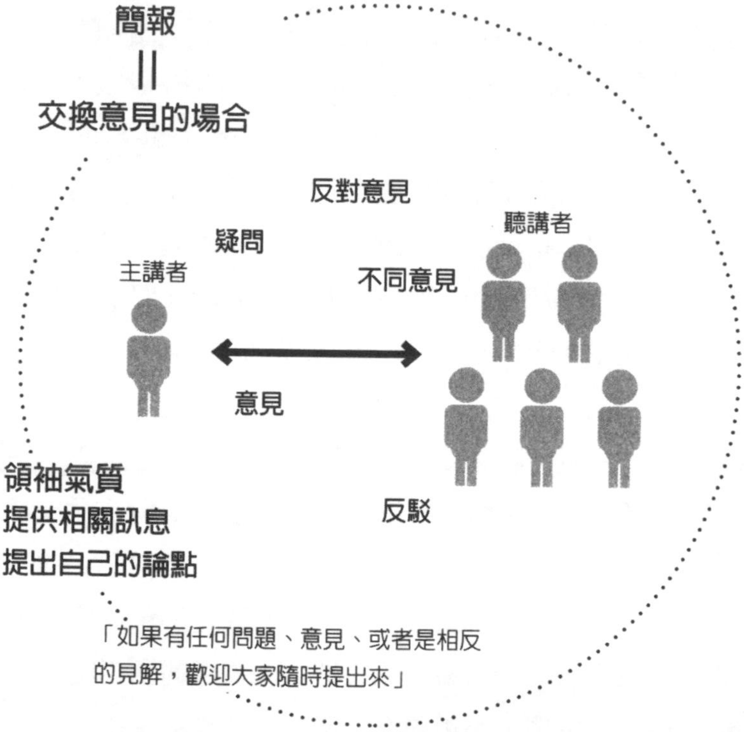
簡報
||
交換意見的場合
反對意見
疑問
聽講者
主講者
不同意見
意見
領袖氣質
提供相關訊息
提出自己的論點
反駁
「如果有任何問題、意見、或者是相反的見解，歡迎大家隨時提出來」

尋求意見

對聽講者所提出的疑問不用做任何的限制，才能引導聽講者提出他們的「意見」。在簡報一開始，就要開宗明義地告訴聽講者，有任何問題、意見，歡迎隨時提出來。聽講者的意見對主講者來說是珍貴的情報來源。聽講者所提出的問題，可以讓主講者瞭解到對方是如何解讀自己的提案。能夠藉此掌握到聽講者的反應，主講者就可以調整自己的簡報內容。

引出反對意見

在簡報的過程中，除了可以導引出聽講者的意見，也可以誘導聽講者提出「反對意見」。照常理來說，大部分聽講者不會直接了當的反駁主講者的意見。但是可能會提出一些怪問題為難主講者，或是和隔壁的人講悄悄話，有的人乾脆睡覺。所以主講者一開場就挑明了說歡迎反對意見，反而會讓聽講者不好意思直接反駁。

交換意見的時刻

反對意見是一定存在的，聽講者願意開誠布公提出，總是比較好解決的。有人提出反對意見的時候，主講者應該針對這些意見製造話題：「為什麼會往這個方面思考？」；「這位聽講者所提出的意見是可以理解的，如果依照這個根據來說明……」可以讓與會者進一步討論。回答聽講者問題的時候，要誘導其他的聽講者提出不同意見，不管是贊成或是反對。當然，也別忘了陳述自己的意見。也許有人認為這跟普通的議論沒有什麼差別。但是所謂的簡報會議，就是讓主講者提供相關訊息、提出自己的論點，然後和全體的聽講者交換意見的場合。

5-3 預先假設問題

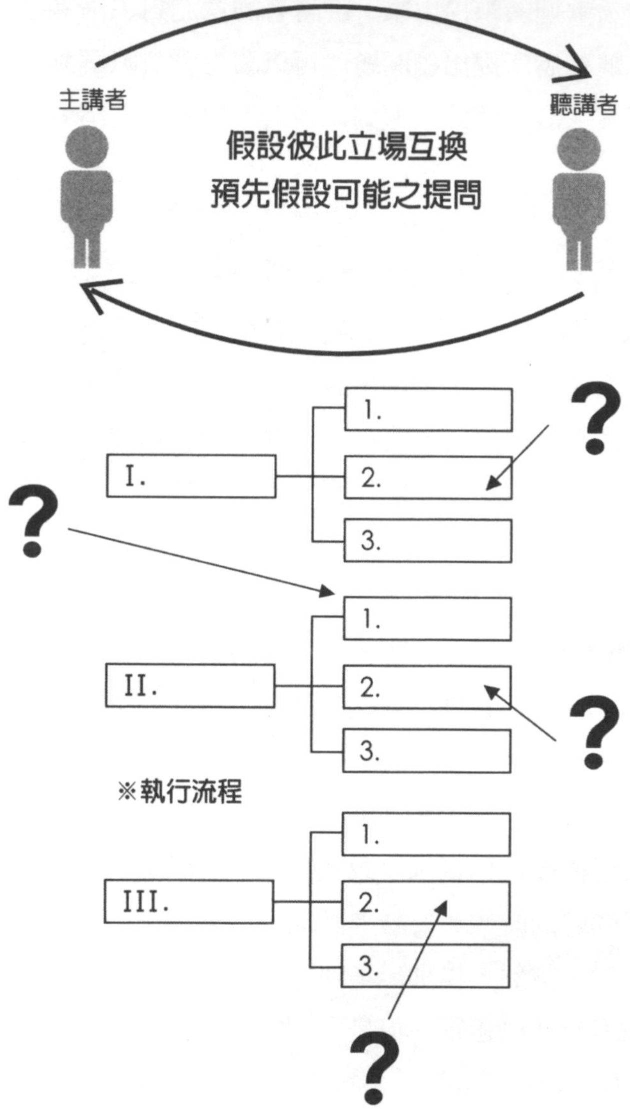

驗證腳本架構

想要讓簡報是與聽講者形成雙向溝通，就必須驗證腳本架構的三步驟，並事先模擬聽講者會提出的問題，例如，簡報中技術面的說明有點艱澀，聽講者應會提出疑問。或者是設定的思考方向是符合聽講者所預期的，他們應該就會投下贊成票。還有這個計畫相當先進，應該會有人對風險分析提出質疑等等模擬情境。

聽講者的立場

主講者在驗證腳本進行問題模擬的設定時，卻發現找不到問題。這種狀況相當常見。深入分析原因之後，最常出現的理由是：「本來就是這樣嘛」，或是「因為簡報內容無懈可擊」。然而，這是大部分的主講者都只站在自己的立場思考，進行腳本架構的驗證。這絕對是錯誤的。就像檢查乘法公式時，會用除法驗算一樣，必須從不同的角度來檢視內容。換句話說，主講者應該要從聽講者的角度來驗證腳本架構。

聽講者提出的疑問

主講者應該轉換立場，從聽講者的角度來看簡報的內容，應該會找到很多的問題。從管理階層的角度來看，會針對計劃的效果提出疑問。而從負責執行的人員來看，就會希望知道更詳細的執行細節與操作說明。技術人員就會詢問有關技術面的專業知識。負責市場行銷的聽講者則會想知道其他競爭對手的狀況。主講者能夠針對聽講者所負責的工作、擔當的職位、性格、思考模式等等做分析，就能模擬出聽講者可能會針對那些部分提出問題。

5-4 解答問題之後繼續簡報

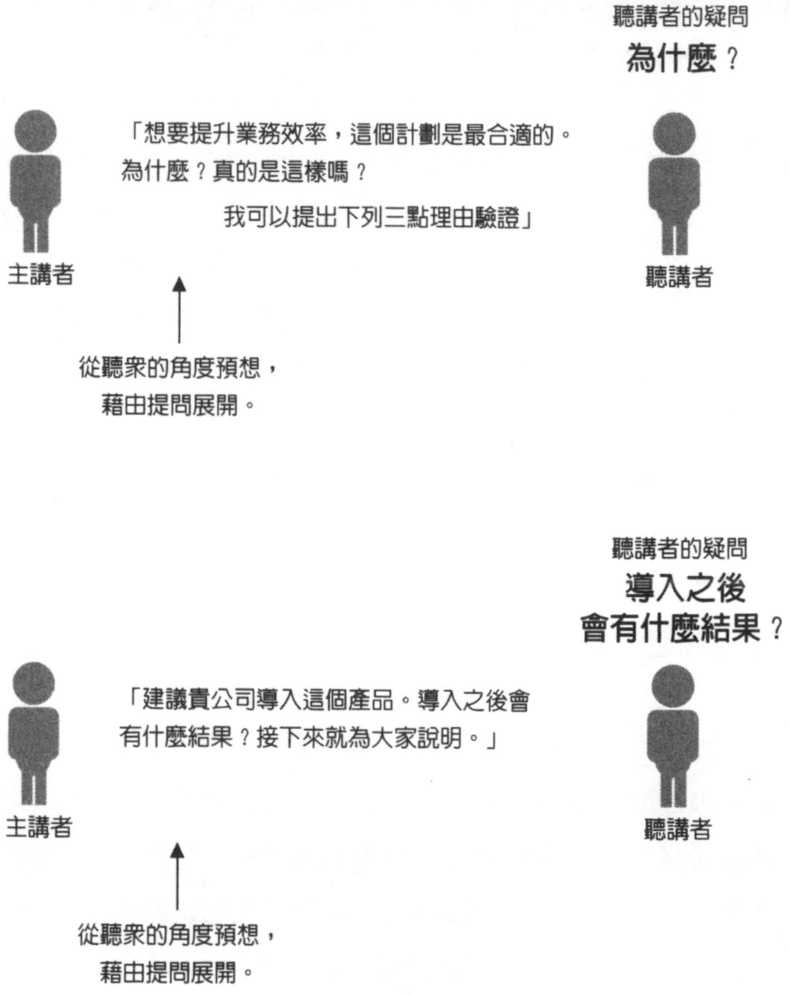
聽講者的疑問
為什麼？
「想要提升業務效率，這個計劃是最合適的。
為什麼？真的是這樣嗎？
我可以提出下列三點理由驗證」
主講者
聽講者
從聽眾的角度預想，
藉由提問展開。
聽講者的疑問
導入之後
會有什麼結果？
「建議貴公司導入這個產品。導入之後會
有什麼結果？接下來就為大家說明。」
主講者
聽講者
從聽眾的角度預想，
藉由提問展開。

把預設的問題融入腳本

模擬了聽講者可能提出的問題，就要把這些問題融入腳本當中。聽講者可能會對競爭對手的動向提出疑問時，主講者就該搶先一步提出：「那麼讓人好奇的是，其他競爭對手的動向又是如何？其他公司又會採取怎麼樣的策略來對應呢？」聽到這裡，聽講者就會覺得這是重點加以認同，並和主講者產生共識。主講者接著可以自己提出答案：「其他公司所採取的策略……」，聽講者一定會對這場簡報相當滿意。

搶先一步

舉例子說明一下前述的搶先一步。當主講者提到：「想要提升業務效率，這個計劃是最合適的」，聽講者一定會產生疑問。這個時候主講者先提出：「為什麼？真的是這樣嗎？可以由下列三點理由來驗證。第一點是……」，或是當主講者提出：「建議大家導入這個產品。」聽講者也會心存疑慮。主講者要先一步強調：「那麼導入之後的狀況會變成怎樣？接下來就為大家說明導入之後的效果」。

聽講者的思考模式

主講者所提出的意見，大部分的聽講者都會產生許多的疑問，所以主講者必須事先做沙盤推演，找出聽講者可能產生的問題。在聽講者還沒發問之前，就自己先提出質疑，然後再加以回答。接下來的簡報內容就可以說是配合聽講者的思考模式來進行的。做到這一點，就可以讓聽講者在沒有壓力的狀況下，把所有的注意力集中在簡報上。

5-5 鼓勵發問

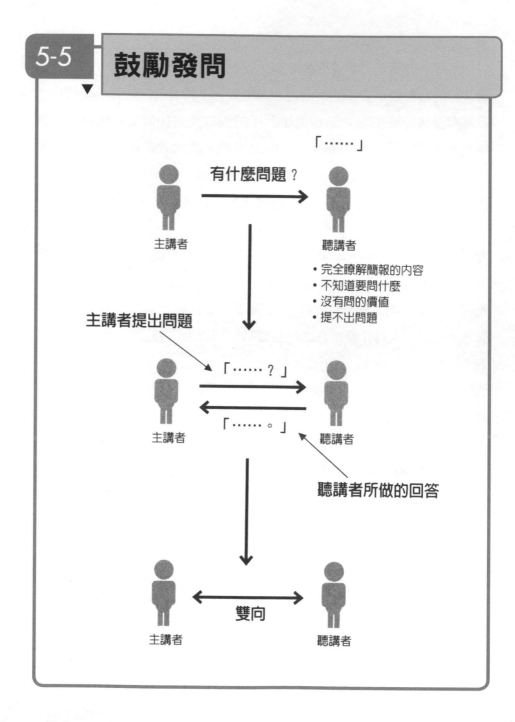

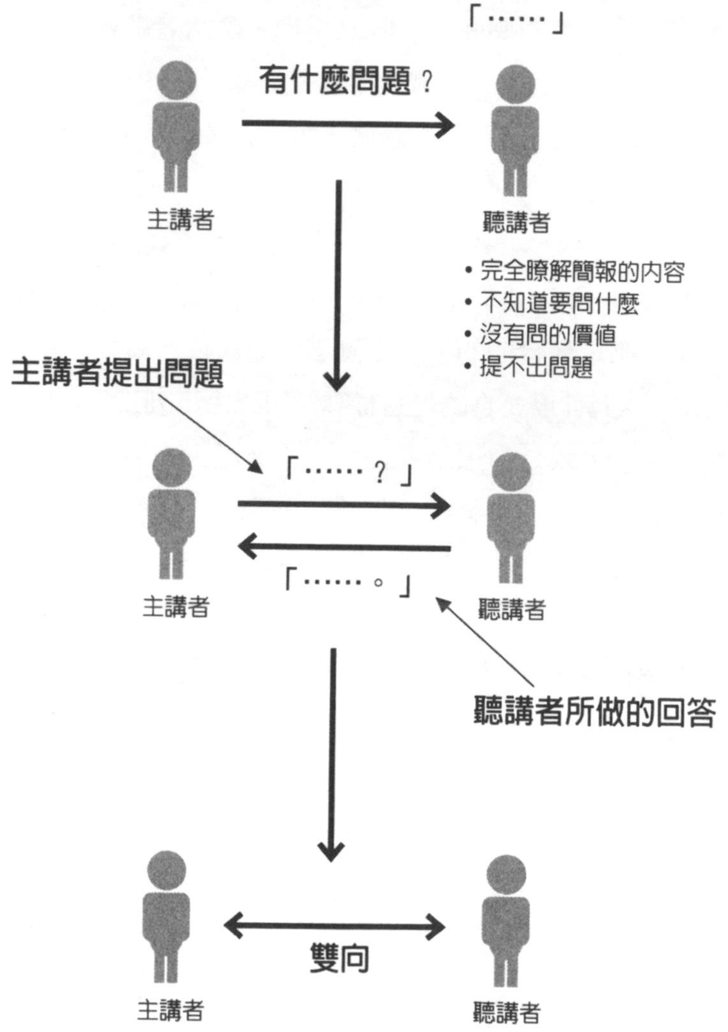
「……」
有什麼問題？
主講者
聽講者
• 完全瞭解簡報的內容
• 不知道要問什麼
• 沒有問的價值
• 提不出問題
主講者提出問題
「……？」
「……。」
主講者
聽講者
聽講者所做的回答
雙向
主講者
聽講者

沒有人發問？

主講者會提問：「大家有沒有什麼問題？」然而全場鴉雀無聲，大家都僵在那裡。這種情境在現實中常常發生。有的主講者就會說：「如果大家沒有什麼問題的話，那麼今天的簡報就到此結束。」垂頭喪氣地下臺一鞠躬。為什麼會沒有人提出疑問？難道大家真的都百分之百瞭解，所以才沒有人問問題？世上沒有這麼美好的事，沒人發問有可能是在場的聽講者，沒有人有勇氣舉手而已。

有什麼問題嗎？

一個可能的原因是，整場簡報都是主講者單方面的表述，聽講者覺得沒有插嘴的餘地。所以主講者在一些關鍵點加入事先擬定的問題，再利用自問自答的方式進行簡報，聽講者會在稍後開口提出他們的意見。主講者還可以試試看跳過不提自己設定的問題，反而詢問聽講者：「講到這邊，不知道大家有沒有什麼疑問？」應該也會有聽講者主動舉手發問。

尋求合適的聽講者

只要有一個聽講者開始發問，其他聽講者就會起而效之。搞不好會出現非常多的問題。還有一種可能就是已經做到這種地步，卻還是沒有人願意發問。這時候該怎麼辦？這種情況不是不可能發生的唷！不要掉以輕心。這個時候該替自己找個臺階下：「那麼我想詢問一下……」請聽講者回答問題。這樣還是開始雙向交流。

5-6 依序解答

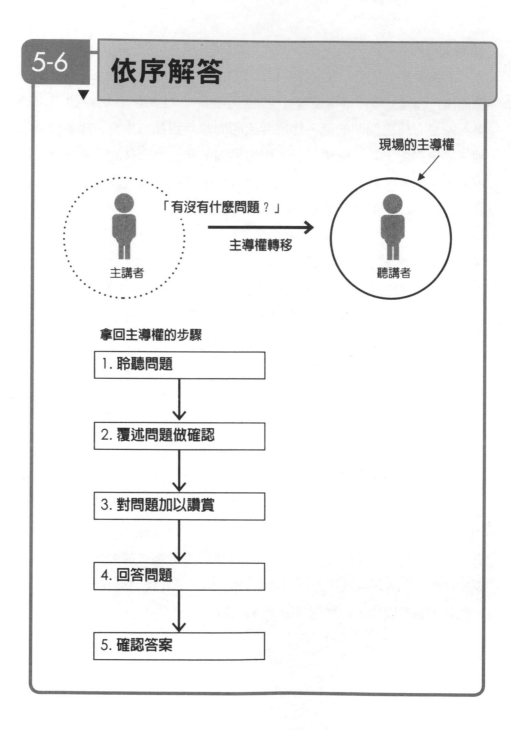

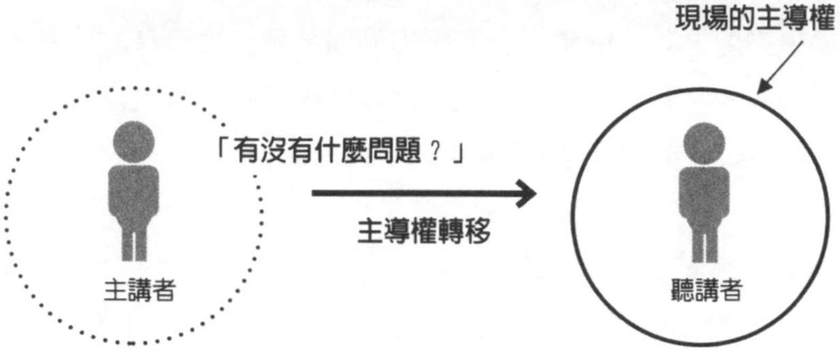
現場的主導權
「有沒有什麼問題？」
主導權轉移
主講者
聽講者

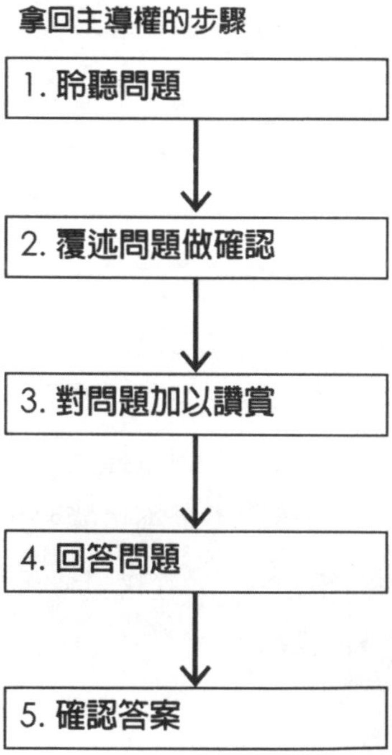
拿回主導權的步驟
1. 聆聽問題
2. 覆述問題做確認
3. 對問題加以讚賞
4. 回答問題
5. 確認答案

盡所能作答

主講者在做完簡報之後必須詢問現場聽講者，「有沒有什麼問題？」，也許會有聽講者舉手發問。聽講者問完問題之後，主講者要盡力回答。這個時間點無法作答時，之前的一切努力都將付諸流水。利用「這個」或是「嗯」等等發語詞的時間，想辦法找到一些說詞。與其說想辦法回答問題，不如說主講者想辦法敷衍搪塞過去。一般的聽講者碰到這種似是而非的狀況時，會一臉狐疑地說「瞭解了」。

主導權

「有沒有什麼問題？」這句話出現時，現場的主導權就轉移到聽講者手中。聽講者想要提出任何的問題都可以，即使是藉發問之名，表達自己的意見也不失為一個好方法。就算是提出相反的意見，也不會因而招致指責。還有就算是故意找碴的問題也會被接受。面對這些難題能不能全身而退，就得看看主講者是否知道「回答問題的技術」。還有主講者是否知道，要怎麼樣才能從聽講者手中「拿回主導全的方法」。換句話說，主講者得要赤手空拳的面對這些挑戰。

回答問題的步驟

對主講者來說，在聽講者問完問題之後，可千萬不能立刻，而且是沒有防備的做回答。主講者想要拿回現場的主導權，必須按步就班的回答問題。這個步驟可以分為（1）聆聽問題、（2）覆述問題做確認、（3）對問題加以讚賞、（4）回答問題、（5）確認答案。從這裡就可以看出，聽講者的發問是一點也不恐怖。

5-7 仔細聆聽問題

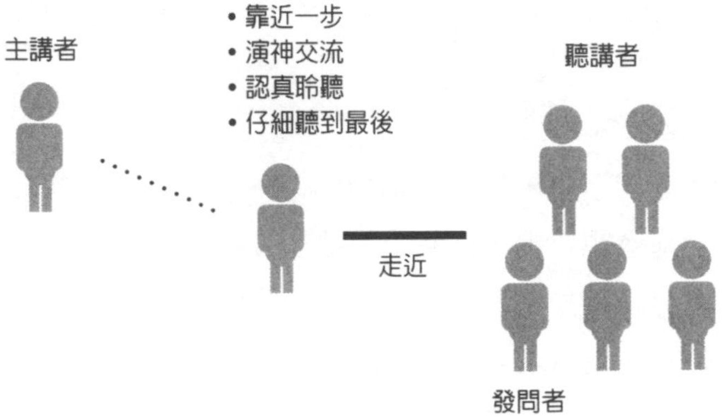

問題內容

「嗯，關於這個數字的由來……這應該是可以瞭解的，但是，從去年年度預估營業額的變化來看，二月份銷售量會下降是可以預期的。八月份銷售量也下滑的理由，主要是因為去年夏天是涼夏，所以有相當大的影響。但是，除此之外還有什麼其他的理由呢？」

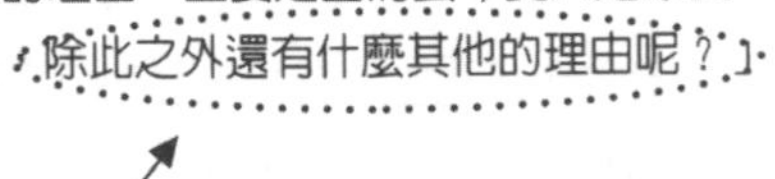

貿然回答說錯話

主講者通常都希望聽講者盡量發問。然而聽講者才剛開始發問的時候，主講者就已經開始在腦海中構思該如何作答。反覆檢視相關的資料，找出數字的產生依據，同時還得考慮所回答的內容架構。在這段時間內，主講者根本就沒有注意聆聽問題的後續細節。在心中暗自盤算發問者何時會結束問題，聽講者一停止發問，就馬上回答。結果，聽講者打斷主講者：「不是，我的問題不是這個……」。對於聽講者所提出的問題，可不是按鈴搶答、先搶先贏。

仔細聽完問題

如果沒有聽完講者所提出的問題，很難知道他們究竟要問什麼。聽講者搞不好會在問題的最後來個大轉彎。因為很少有人直接了當，針對想知道的事情提出疑問。有些人會先針對問題的前提做說明，或者是說明一下發問的原因，甚至有人還會很客套的說：「這麼問也許有點蠢……」。記得一定要先把聽講者的問題聽完再說。

認真聆聽

聽講者開始發問後，就必須很認真的聆聽。可以試著走近發問者，捕捉對方的視線，專心聆聽問題內容。千萬不要嘴巴上一直碎碎念、或是翻閱手邊的資料，甚至是清理白板等等。因為這樣一來，即使沒有漏掉問題的內容，也會忽略掉發問者的肢體語言，或表情上所透露出的訊息。這些行為對發問者來說是相當失禮的，而且主講者也會因此錯失重要的訊息。

5-8 確認問題的三大要素

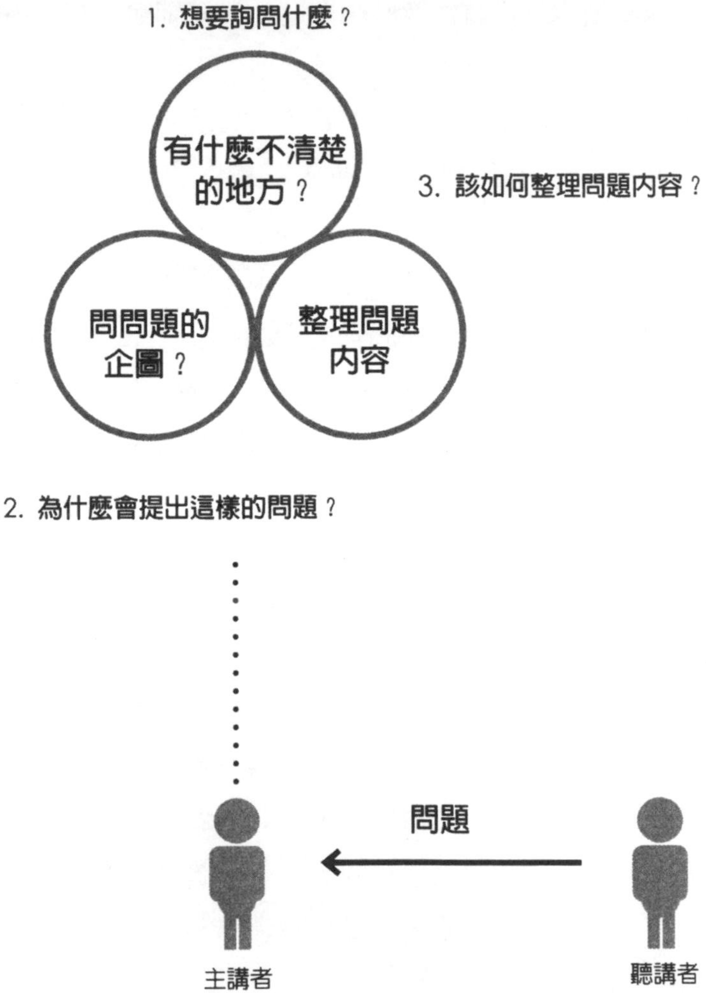
1. 想要詢問什麼？
有什麼不清楚的地方？
3. 該如何整理問題內容？
問問題的企圖？
整理問題內容
2. 為什麼會提出這樣的問題？
問題
主講者
聽講者

三大要素

在前一章節裡所強調的，要主講者注意聆聽問題的內容。但在此同時，主講者該考慮些什麼。絕對不要一開始就想著答案是什麼，因為那是屬於下一個步驟：覆述問題做確認時該做的事。在聆聽問題的同時，首先，主講者必須要考慮下列的三件事：（1）想要詢問什麼？（2）為什麼會提出這樣的問題？（3）該如何整理問題內容。

想要問什麼？

一般來說，很少有聽講者是真的搞清楚，自己要問什麼之後才發問的，通常都是在腦海中有個問題的雛型，然後透過一邊問一邊釐清自己要問的究竟是什麼。也有人在發問的時候，因為腦海中的雛型不是很清楚，所以會突然忘記自己要問的是什麼，最後這個問題也就不了了之。各位讀者應該或多或少都有碰過，有的聽講者一開始講得口沫橫飛，中途卻突然說，「算了，當我沒問」，整個人感到很氣餒。有時候連聽講者自己都搞不清楚自己要問什麼，所以主講者更得特別留心聽問題，設法找出聽講者究竟「想要詢問什麼」。

為什麼會提出這樣的問題？

舉個例子來說，主講者斬釘截鐵的回答：「想要解決這個問題，就必須要擬定自有品牌策略。」但是臺下的發問者卻不置可否，主講者大概也察覺到聽講者的不滿，所以再補上一句：「這樣應該能夠解決吧！」尋求聽講者的認同。聽講者可能勉強回答：「哎呀，就這樣啦！我知道你的意思了。」這裡所產生的問題癥結在於，主講者回答了聽講者的問題，但是卻沒有抓到聽講者「提問的用意」。因為主講者沒有考慮聽講者為什麼會提出這樣的問題。

5-9 問題的真正用意

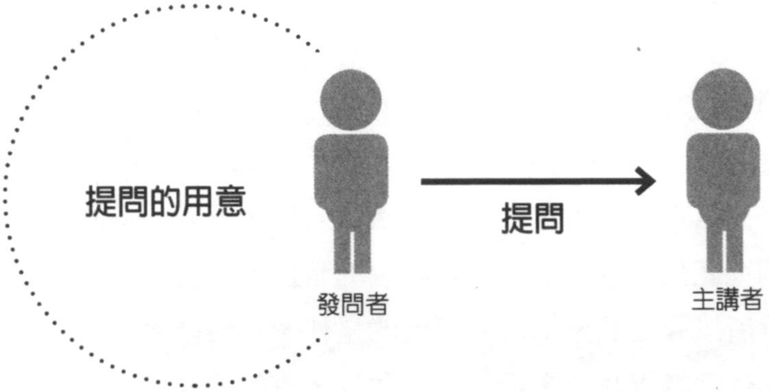

提問的用意	應對的方法
單純針對不懂之處發問	回答問題
想要表達自己的意見	「這點是非常重要的」
提出反對的理由	找出對方反對的理由
想要驗證提案內容	提供相關資料
想要出風頭	稱讚所提供的問題
故意刁難	設法結束問題
想要陷害主講者	設法結束問題

問題的用意

有時候就算主講者能夠提出回答，聽講者也不見得就一定會接受。這主要是因為主講者沒有針對發問者的用意來回答。所以對主講者來說，在回答問題之前，必須先考慮發問者問問題的用意，這是很重要的一點。比方說，主講者要針對降低物流成本做提案，而與會的聽講者對於這點主題都有相當程度的認識。但是針對物流的問題，如果簡單地用一句話來形容，就是希望能分成不同的段落進行。所以這種時候有些聽講者就會用發問的方式來陳述自己的意見，表達自己的意見才是他們發問的真正用意。

問題的種類

聽講者發問的用意可以說是各式各樣。單純的針對不懂之處提問：想要表達自己的意見；要提出反對的理由；想要驗證提案內容；想要出風頭；故意刁難，或是想要陷害主講者。即使是這樣，身為主講者，面對聽講者所提出的問題，還是要把它當作只是單純的不懂之處努力提供答案。有時候也會碰到，根本找不出聽講者究竟想知道什麼的狀況。這時就要把這個問題當做是，「對方想要表達自己的意見而發問。」在聽講者陳述之後，告訴他「這點的確非常重要」作為呼應，再進行下一步驟。

反對意見的問題

比較棘手的問題就是反對立場的聽講者提問，因為這些問題的本質就是反對的，他們可能會利用「這樣的話，成功的機率應該會很低吧」等等的問題，提出反對的意見，一邊爭取主講者的認同。主講者如果又不小心表達認同，就是正中發問者下懷。不過只要大家能夠按照前面章節所提到的步驟依序回答問題，就不用怕聽講者提出問題表示反對。

5-10 歸納問題並溝通確認

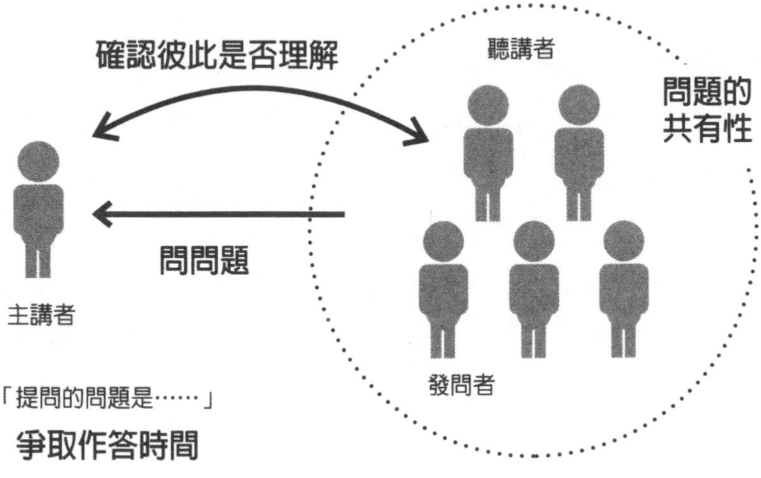

確認理解程度

對於聽講者所發問的問題，主講者應該要仔細聆聽問題內容，研判出聽講者發問的真正用意，然後再做回答。當然，不是要主講者直指問題核心回應，因為主講者還必須先瞭解到發問者真正想要知道的是什麼。針對這個部分，搞不好主講者和聽講者之間的認知有可能會出現落差。在這裡，主講者就應該把聽講者的問題做摘要覆述：「所要問的問題是……」，以確認雙方對問題的理解是相同的。

把問題變成共識

主講者覆述完問題之後，有些聽講者會很有參與感的說：「對啦對啦，我要問的就是這個。」所以只要主講者能夠將問題內容化繁為簡，簡單覆述一次，就會讓聽講者大表讚歎。另一方面，就算是主講者對問題產生誤解，聽講者也可以在這個時候就加以糾正。在摘要覆述問題的同時，還可以讓這個問題變成所有聽講者共有。簡單來說，要讓所有的聽講者都產生參與感。能夠確定所有在場的聽講者都有相同的認知，主講者就可以開始後續的回答。

爭取時間

除了「確認理解程度」和「把問題變成共有」之外，覆述問題對主講者還有其他的好處。也就是讓主講者可以爭取多一點的時間。畢竟不是每個主講者都像聖德太子那樣天賦異稟（註1），對於所有的問題，都要在第一時間做出回答絕對不是件容易的事。如果主講者在聽完問題之後，沒有做進一步的整理就直接回答，很有可能會說出錯誤的答案而導致失敗。所以就可以利用摘要覆述聽講者問題的時間，來思索怎樣的回答是最恰當的。

5-11 對提問表達讚賞

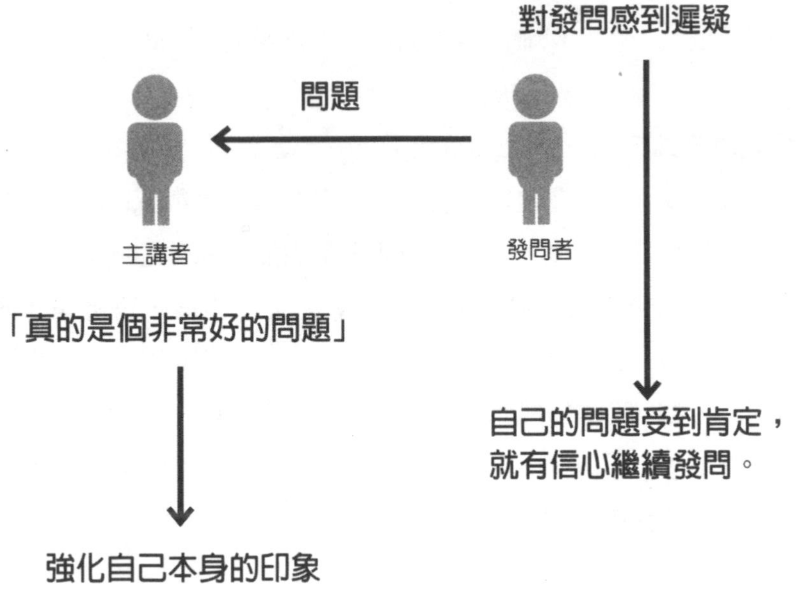
對發問感到遲疑
問題
主講者
發問者
「真的是個非常好的問題」
自己的問題受到肯定，
就有信心繼續發問。
強化自己本身的印象

例：
「這個問題非常重要」
「這個問題很特別」
「這個問題很有趣」
「很重要的問題」
……

真是個好問題！

再提醒一個要點，聽講者問完問題之後，不要馬上回答。回答問題之前，還有一個很重要的步驟。主講者必須先把主導權從聽講者那邊拿回來，而且要想辦法得到聽講者的信任，讓他們覺得「原來如此，是這樣」。跟聽講者確認問題之後，記得要看著聽講者，告訴他，「真的是個非常好的問題」。這個步驟就是要稱讚聽講者所提出的問題。

提高聽講者發問的慾望

另外，大部分的聽講者都對發問有著某種程度的抗拒，可能會因為擔心自己問這樣的問題好嗎、或是問這個問題會不會被人瞧不起、有點不好意思，等等的理由而感到遲疑。所以能夠在現場發問的聽講者，他們可是克服了這些心理障礙，鼓起勇氣舉手發問。主講者當然要讚賞一下他們的勇氣。這樣的話，聽講者的心裡就會覺得「啊，還好有問」，甚至於會更積極地「繼續發問」。這樣一來，整個簡報會議的互動就會變得更熱絡。

強化自己的印象

如果主講者在聽完問題之後就表示：「這個問題相當困難」，就會讓人產生不值得信賴的感覺，即使接下來回答的內容是無可挑剔的。不過很可惜已經留下不好的印象。相反的，如果主講者在聽完問題之後，說的是「真的是個非常好的問題」，就會強化自己本身的印象。然後藉此交換攻防，順勢從聽講者手中拿回主導權。不過要注意的是，每次都用「真的是個非常好的問題」來讚美，用多了反而會讓人覺得好像把聽講者當傻瓜，所以最好是多找一些讚賞的句子，例如：「這個問題非常重要」、「很重要的問題」等等，交換使用比較好。

5-12 先下結論再說明

「真的認為這個計劃會成功嗎？」

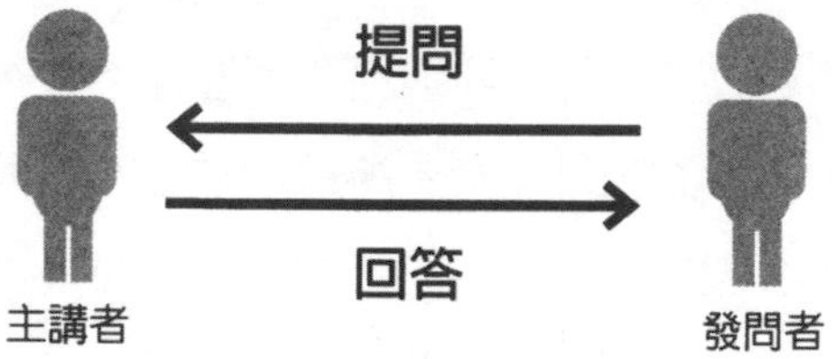

X 「新開發的事業往往會受到當時的經濟狀況或是市場行情所影響，正如您所提到的，在投入了這麼多資源的情況下，是只許成功不許失敗的…」

O 「我認為成功的機率是相當的高。為什麼我敢這麼說…」

提高期待

當聽講者提出，「對於這個新開發的事業，難免有失敗的可能性，畢竟投入了這麼多資源進行開發，到底有多少勝算，或者說到底有幾分把握能成功，有關這個部分有沒有什麼想法」的問題。首先，主講者應該要覆述一次問題，「您所要問的是這個新事業有沒有可能成功。」向聽講者做確認，再稱讚他所提出的問題，「我想這是個很重要的問題」，藉以提高聽講者的期待。

從結論開始講

仔細聆聽問題、覆述問題加以確認、稱讚聽講者所提出的問題。接下來，就該進入回答問題的重頭戲。這時候如果主講者的回答是，「新開發的事業往往會受到當時的經濟狀況，或是市場行情所影響。正如您所提到的，在投入了這麼多資源的情況下，是只許成功不許失敗的」。從聽講者的立場來看，對於主講者這種回答會有什反應？應該是會覺得「快點，講重點」，而露出不耐煩的表情。

先回答

面對聽講者的問題，主講者一開始應該先講結論：「我認為成功的機率是相當高。」從結論開始回答，會讓自己接下來所陳述的內容有所依據。瑣瑣碎碎的講了一大堆，最後才講出自己的結論，頂多只能傳達一半的內容給聽講者。一開始告訴大家可以就是可以。然而，如果是先講了一堆原因理由，再來說可以，這個答案的接受度大概只有一半。所以最好的回答方式，應該是要先陳述結論，然後再就理由及相關事項做說明。

5-13 回答之後確認發問者接受度

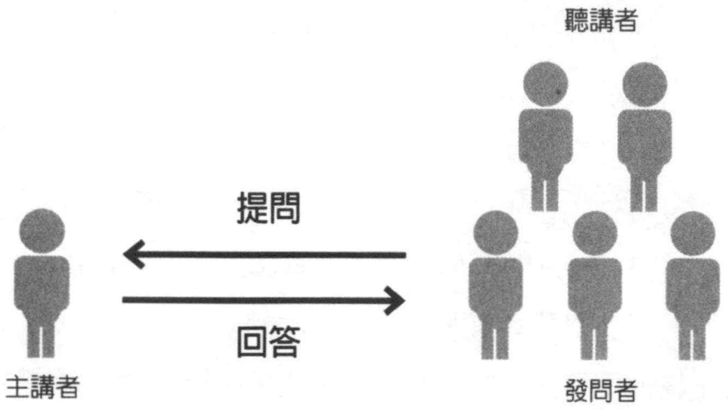

簡單覆述：「所要問的問題是……」
誇讚：「真的是個非常好的問題」
回答：「這個部份……」
確認：「這樣的回答，是否已可以解答您的疑問？」

下一步驟

模稜兩可

主講者陳述完自己的結論，並說明原因理由之後，處理了一連串的質疑後，讓發問的過程告一段落。但是臺下卻是一片沉默，究竟聽講者滿不滿意自己的答覆，都沒有任何表示，主講者可能會覺得很挫折。換個立場來看這個狀況，對聽講者而言，他們不知道主講者是否講完了，會不會有後續說明。其他的聽講者也不知道這個時間點是不是可以接著問別的問題。現場的氣氛陷入尷尬的狀態。

確認後再進行下一步

所以主講者在答覆結束之後，要確認補上一句：「這樣的回答，不曉得是不是可以解答您的疑問。」如果發問者覺得這樣就可以了，自然就會做出瞭解的反應。其他的聽講者也就可以接著問別的問題。另外，就算回答的內容無法讓發問者滿意，這樣周到的顧慮也可以稍微減輕對方的不滿。說實話，不管主講者所回答的內容再正確，畢竟不是發問者本人，想要找到讓對方百分之百滿意的答案非常困難。

無法回答的問題

到目前為止所討論的內容，前提都是聽講者所問的問題是主講者會回答的。如果碰到無法回答的問題時該怎麼辦？碰到這種狀況很簡單，坦白告訴發問者：「對不起，有關這個問題，我現在沒有辦法回答」，並向對方表示歉意，同時要向聽講者保證查清楚後會再做說明。畢竟這樣的狀況會造成不好的印象，所以事前要很仔細地模擬所有可能產生的問題。當然，也會碰到一些故意刁難的問題，可以很直接地反問對方「那您覺得如何？」，利用反問的機會為自己多爭取一些時間思考因應對策。

5-14 對聽講者提問

向聽講者發問的效果

1. 可以喚起大家的注意力
2. 能夠強調要傳達的訊息
3. 達到問題意識的強化
4. 能夠吸取更多的意見
5. 可以收集更多的情報

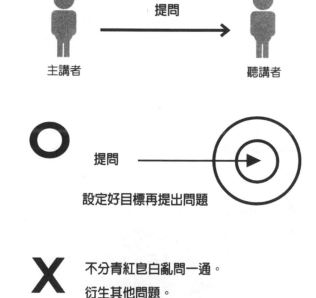

X

不分青紅皂白亂問一通。

衍生其他問題。

挑戰聽講者專業程度的問題。

向聽講者發問的效果

「提問是聽講者的權利！」這樣的想法真的是犯了很大的錯誤。因為主講者也可以問聽講者問題。甚至應該說，主講者要對聽講者提出問題比較好。問問題可以達到很多效果，可以喚起大家的注意力，能夠強調要傳達的訊息，強化問題意識，能夠吸取更多的意見，可以收集更多的情報。簡報的時候提供了許多資訊給聽講者。當然要利用問問題的方式，從聽講者那裡收集一些不一樣的情報。

設定好目標再提問

提問可是有技巧的，不要不分青紅皂白亂問一通，也不要找會衍生出其他問題的問題，等於是搬石頭砸自己的腳。應該要設定好目標再提問。準備提案簡報的時候，或多或少會有一些想要，卻拿不到的情報。這時就可以利用做簡報提供訊息的同時，試試看能不能從聽講者那裡得到資料。例如：「這樣的計劃大約能夠提供多少的人力來支援？」或者是「如果是這種規模的案子，大概要送到哪一個層級來批准？」

不能問的問題

然而有些問題是不能問的。有關於評估聽講者專業程度的問題千萬不要問。「有關於這方面的知識，各位應該都知道……」碰巧就是有聽講者不知道，他們就會覺得主講者是不是瞧不起自己，故意要給自己難堪。就算是知道的聽講者，恐怕也會產生不好的感覺，覺得主講者在試探自己。如果主講者是希望聽講者能提供不同意見的話，最好是用「為什麼呢？」或是「應該怎麼做比較好？」的問法，才會讓聽講者有意願去動腦筋，思考要說些什麼。

5-15 慎選問答題

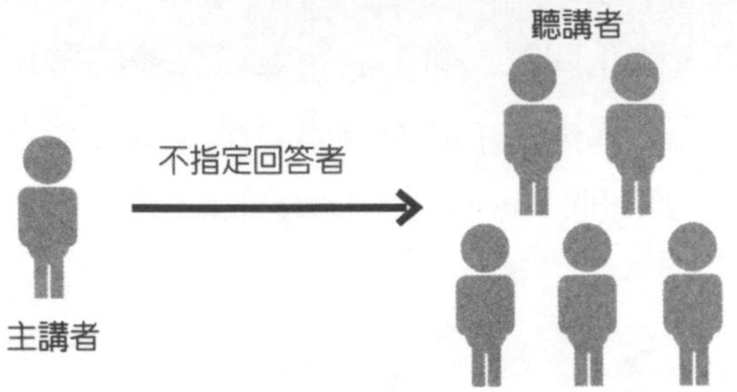

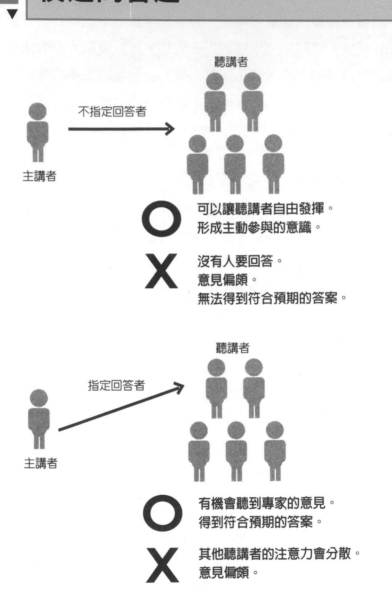

O 可以讓聽講者自由發揮。
形成主動參與的意識。

X 沒有人要回答。
意見偏頗。
無法得到符合預期的答案。

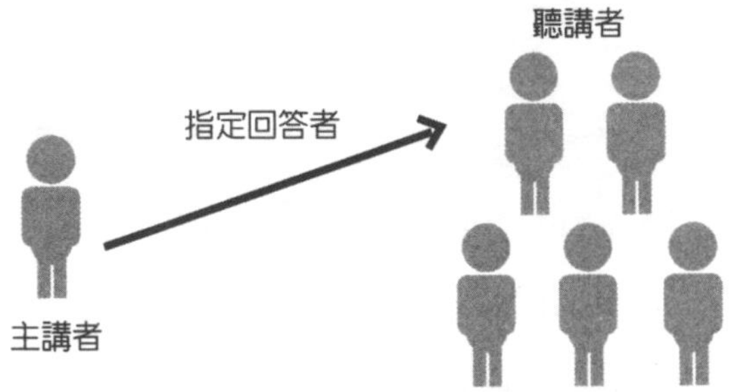

O 有機會聽到專家的意見。
得到符合預期的答案。

X 其他聽講者的注意力會分散。
意見偏頗。

決定向誰提問

主講者通常都會根據既定的目標來定問題，至於回答問題的對象又該怎麼選擇才是最適合的。由於所選定的回答者對問題所提出的答案，會對主講者的既定目標產生相當大的影響，如果回答者的答案有脫序演出，那麼主講者所設定的目標就會變得很難達成。現實生活中常常會看到，很多主講者對於選擇回答對象，大部分都是採取隨機式的，例如從兩側開始依序做挑選。這樣的隨機式選擇最好不要採用，因為這樣會讓在場的聽講者失去主動參與的意識，而主講者則變得好像學校的老師，連帶的簡報會議就變成像是在上課。即使主講者真的是學校老師，也最好不要採用這種方式。

不指定回答者

如果不指定回答的人，而只是丟出問題，試試看開放給全場的聽講者做答。全場的聽講者都會開始思考，提升全場聽講者的主動參與意識。不過也是有風險的，可能全場陷入一片沉默，沒有人回應。搞不好有些不懂裝懂的聽講者，丟出一個牛頭不對馬嘴的答案，這些都是無法避免的。

指定回答者

所以最好還是依照問題的內容，指定合適的回答者來做答。比方說，如果是有關技術面的問題，就應該要指定熟悉這種技術的人。如果是問到詳細的事務性作業，那就得選擇現場實際負責的人員。若是要問到經營方針的問題，那就非得請出管理階層才有辦法回答。如果能夠正確指定回答者，應該就可以得到符合自己預期的答案。不過有得必有失，主講者選擇特定的回答者，就會讓其他的聽講者進入「休息」的狀態。當然想要讓所有參與簡報的人都能保持注意力集中，是件很困難的事。正因為魚與熊掌不可兼得，所以對主講者來說，最好的方式就是根據自己設定的目標先擬定問題，再依照問題內容來決定自己在問完之後，是否要指定回答者做答。

5-16 將問題具體化

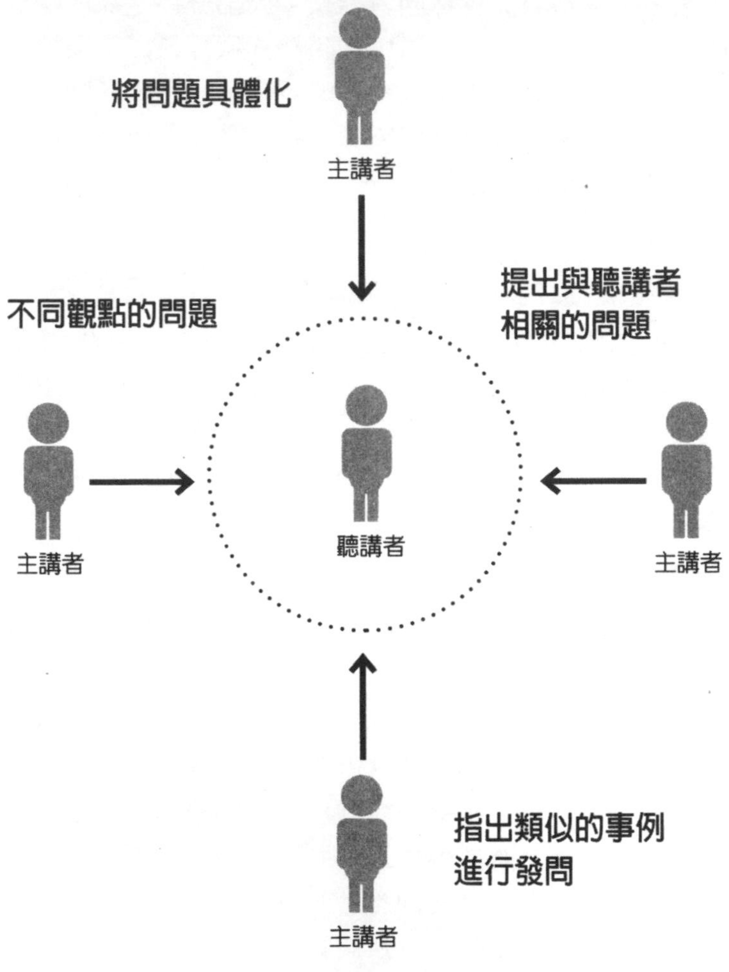
將問題具體化
主講者
不同觀點的問題
提出與聽講者
相關的問題
主講者
聽講者
主講者
指出類似的事例
進行發問
主講者

「您覺得如何？」

接下來就試著把問題丟給觀眾。主講者在簡報的過程中，就可以詢問聽講者：「到目前為止，不曉得各位覺得如何」，但是全場聽講者都沒有任何反應。主講者和聽講者雙方之間陷入不協調的死寂氣氛。主講者沒得選擇，被動地挑選一位聽講者來回答。被選中的聽講者可能會很無奈的回答：「沒什麼不好。」主講者也只能草草回應。

過濾問題尋求答案

造成如此狀況的原因可能出在問題本身。主講者提出的問題太抽象。當聽講者接收到，「不曉得各位覺得如何」的問題時，可能根本搞不清楚到底應該要怎樣回答。因此主講者提出的問題應該要更具體一點。舉例來說，「這個促銷方案不知道是否符合貴公司的方針」，或是「有關於實現這個計畫的可能性，是否可以聽聽大家的意見」等等問題。如果能事先過濾問題，讓問題更具體化，聽講者也比較容易提出自己的意見。

細膩的問法

正如前面所說，因為要提出具體的問題，所以主講者就詢問聽講者「預算有多少」。這個問題一出現，卻會讓聽講者覺得掃興。這裡要提醒大家，如果問的問題不恰當，反而會激怒聽講者造成反效果。問問題的策略應該要採取一些比較細膩的問法，在詢問聽講者的同時添加一點緩衝空間。比方說，「如果不介意的話，可以透露一下預算方面的……」或者也可以利用其他的方法，「想冒昧的問一下……」，或是「如果方便的話……」、「這個問題有點難以啟齒……」等等。也許只是很細微的用詞遣句，往往卻會對結果有關鍵性的影響。

5-17 採納聽講者的意見

利用索引樹歸納意見內容

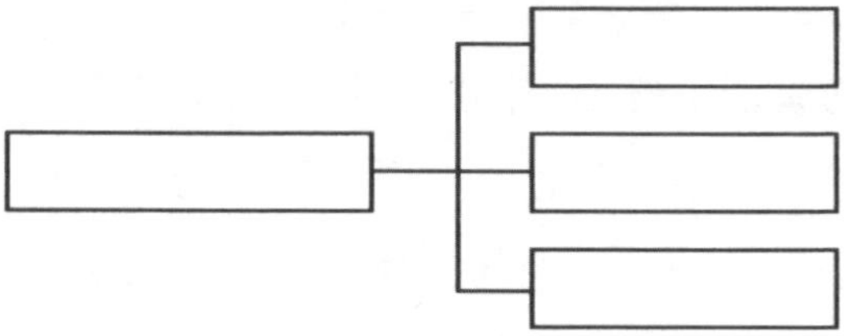

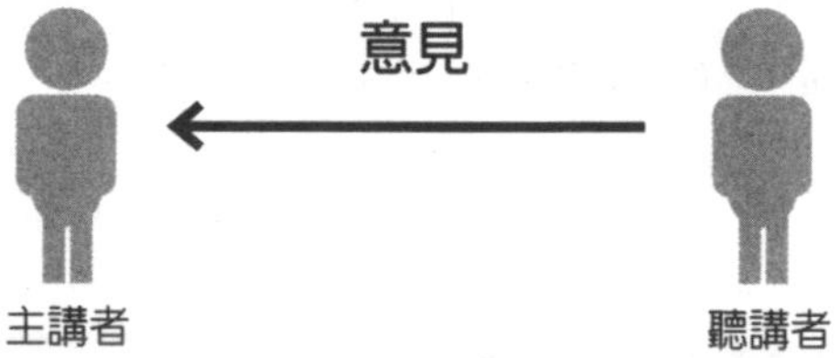

聆聽內容之後加以條列分析

1. ……
2. ……
3. ……

注意聆聽

在主講者提出問題之後，聽講者也針對問題做出回應。在這裡要請大家回想一下，回答問題的步驟。認真聆聽問題、覆述問題做確認、對問題加以讚賞、回答問題等等。相對的，當聽講者在回應意見的時候，主講者也必須認真聆聽問題。停下手邊的工作、走近發表意見的聽講者、凝視對方仔細聆聽。因為是自己提出的問題，如果聽講者在回答的時候，自己卻是左顧右盼，對聽講者來說是很不禮貌的。

利用索引樹歸納意見

要把聽講者所回應的意見做歸納摘要。在做完摘要之後，必須「所要強調的是……沒錯吧」，做進一步確認。然而不是每一位聽講者都很擅長於溝通，有時候會碰到一些講話不知所以然的聽講者。這個時候主講者就必須把聽講者所陳述的內容，利用索引樹加以歸納整理，仔細聆聽意見的內容。比方說，聽講者的意見可以分為兩大段落，然後第一大段落又再細分為三個中段落等等。

聆聽內容之後加以條列分析

然而在聆聽意見的同時，不要忘記加以條例化分析。在摘要覆述的時候，就可以順便做個整理，「剛剛所陳述的意見應該可以粗略地分為兩個部分。第一個是……」，這樣的話一定會讓聽講者對主講者的條理清晰印象深刻。主講者在歸納聽講者意見的同時，下一步應該要考慮的就是，該怎麼回應對方的意見。比如說，是否可以在接下來的簡報內容中，採納聽講者所提出的意見。或者應該提出反對的論點，駁斥對方的意見，還是根本不予以理會。

5-18 根據聽講者的意見應對

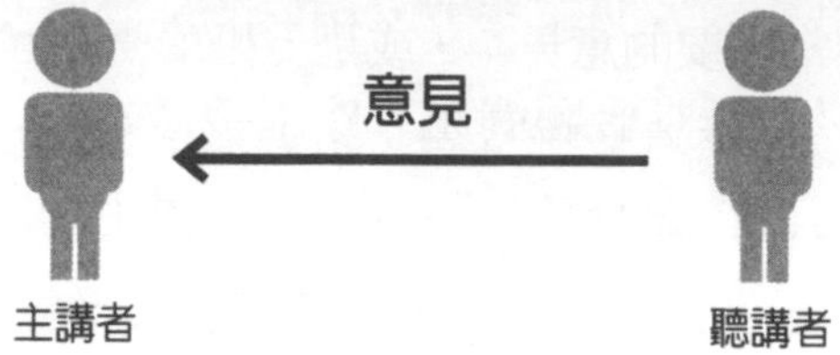

摘要覆述：　「所要問的問題是…」

誇讚：　「真的是個非常好的問題」

評論：　「…」

「我很贊成這位聽眾所提出的意見。那是因為…」

「我並不清楚有這樣的事情」

「原來如此，這個理由能夠被接受」

……

採納意見

「正如剛才所提出的意見……」

「以這位先生所提出的意見為基礎來思考……」

「綜合大家的意見……」

……

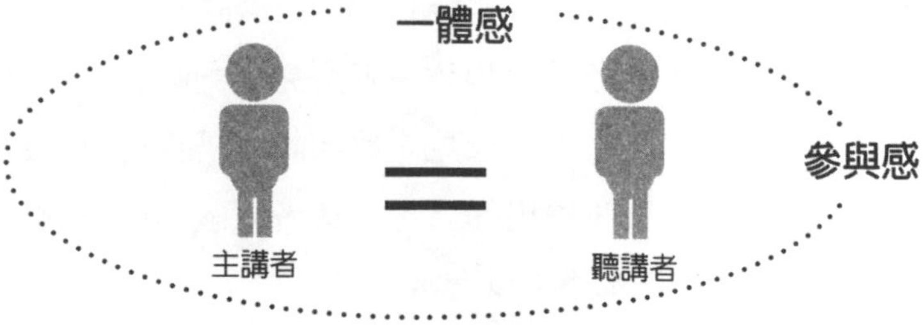

誇讚聽講者的意見

不管是可以採納的意見，或是反對的意見，還是不用當一回事的意見，主講者要對所有的意見加以誇讚。可以用「真的是個非常好的問題」、「這是非常重要的意見」，或是「很重要的回應」等等的話回應。即使從自己的角度來看毫無意義，也要微笑以對，讓聽講者願意提出更多的意見。

加以評論

在摘要覆述完聽講者的意見之後，千萬不能「接著，下一個問題」，顯得操之過急。因為這樣的話，會讓發問的聽講者覺得自己好像被小看了。記得一定要中肯的做出評論。比方說，「我很贊成這位聽講者所提出的意見，那是因為……」，或是「我並不清楚有這樣的事情」等等。不僅不會讓聽講者有不舒服的感覺，搞不好還能為主講者增加一位支持者。此外，還可以提出「對於這個意見，不知道各位是不是有什麼其他想法」等等，試著收集其他聽講者的意見。這樣一來，可以讓在場的聽講者有機會交換彼此的意見，場面也會變得更為熱絡。

採納意見

如果只是讓聽講者提出意見，把現場的氣氛烘托到最高潮，似乎有點太浪費。可以試著把這些意見放進自己隨後的談話中。舉例來說，「正如剛才所提出的意見……」，或是「以〇〇先生所提出的意見為基礎來思考……」等等。這樣一來，等於是間接讓聽講者參與簡報提案。讓主講者和聽講者有一體的感覺，就會很自然的提出有建設性的意見。照這種模式發展下去，聽講者沒有理由不被說服。

5-19 針對不同意見做回應

X 情緒化的應對

↓

O 再度確認簡報的目標

- 說服聽講者
- 達成共識
- 進行預期的動作

摘要覆述：「所要問的問題是……」
誇讚：「真的是個非常有趣的問題」
問題：「為什麼會產生這種想法呢」
評論：「原來如此，原來這樣的想法也是存在的」
下一步：「我們做列為參考意見。接著，下一個……」

掃興

當聽講者提出反對的意見:「這樣的作法應該沒有成功的把握吧」,主講者可能會覺得很掃興，進行反擊：「不，因為有需要……」，讓聽講者變得很掃興，更不甘示弱表示：「那麼有什麼具體的根據嗎？」最後變成雙方脣槍舌戰的場面，在這樣的爭論下所產生的結果不難想像。雙方形成情緒化的對立狀態。

再度確認目標

身為主講者絕對不可以因為聽講者的反對意見，而出現情緒化的應對。在進行簡報的時候，雙方陷入情緒化的對立，吃虧的一定是主講者。這裡教大家一個小祕訣，發現自己快要失控時，趕緊回想一下簡報的目標。主講者想要獲得的東西，必須要說服聽講者，得到他們的認同，才能夠進行預期的動作。在口頭上爭輸贏，不是主講者該做的事。當然，如果對主講者來說，寧可捨棄所有東西也要想辦法駁倒聽講者的話，那就照自己所選擇的方式去做吧！

不過於干預

還有不要過度干預。就算有人提出反對意見，也可以摘要覆述問題內容，並對問題加以讚賞，向全場的聽講者展示自己的理解程度。然後可以提出，「為什麼會產生這種想法呢」，檢視反對意見的邏輯性。再利用「原來如此，原來這樣的想法也是存在的。我們會列為參考意見。接著，下一個……」結束討論，轉換其他話題。究竟哪個意見才是正確的，就把最終決定權留給其他聽講者。

5-20 回歸簡報大綱

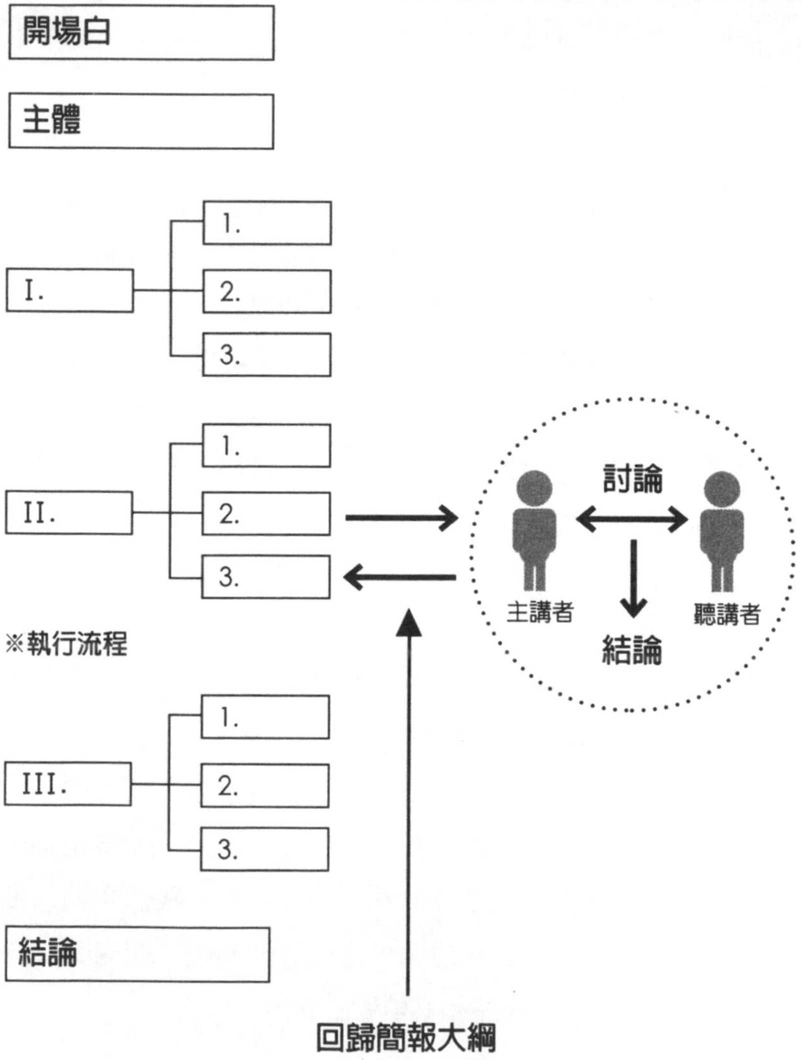
開場白
主體
I.
1.
2.
3.
II.
1.
2.
3.
討論
主講者
聽講者
結論
※執行流程
III.
1.
2.
3.
結論
回歸簡報大綱

把大綱牢記在心

在簡報中，主講者要鼓勵聽講者發問、提出意見，甚至是接受聽講者的反駁，藉著在雙向的討論中遊說聽講者。如果能夠確實掌握簡報大綱，那麼主講者就可以輕鬆地勾勒出黃金三步驟，達成預先設定的目標。相反的，如果沒辦法掌握簡報大綱，主講者就很容易變成斷了線的風箏，導致簡報失去控制。換句話說，萬變不離其宗，主講者要常常把大綱牢記在心，再加以靈活運用，和聽講者展開雙向的交流。

現場隨機應變

舉例來說，有顧客要求對市場行銷策略進行提案，主講者在腳本的安排上，決定在第二大段落說明網站行銷。講到這裡，主講者向聽講者提出，「針對這種通路的策略有沒有什麼意見」。然而，此時關鍵人物卻表示，「唉，網站平臺沒什麼不好，但是我們公司的強項還是在傳統通路」。所以主講者也不能忽視這個問題的重要性，就必須耗費額外的時間來討論這個話題。結果，最後規劃出來的策略就改為鎖定傳統通路。

踏實地向目標前進

如果主講者能夠確實做到雙向交流的簡報，想要像上述的臨機應變應該不是問題。以剛才的例子來看，如果只是單方面的傳達訊息，那麼提案的下場一定難逃被否決。主講者在進行第二大段落時，和聽講者針對通路策略交換意見，在和聽講者達成共識後，就可以重新回歸簡報的大綱。在主體中加入流程介紹，再一次說明簡報的流程以提醒大家，然後就可以進行最後一段的內容。主講者做簡報的時候就是要踏實實地向目標前進。

註 1：據說聖德太子出生在馬廄裡面，剛剛生下來就會說話。長大之後，他能同時聽八個人的陳述，並分辨其中的道理，所以人稱「廄戶豐聰八耳命」。

後記

各位讀者在看完這本書，對於應該要怎樣進行簡報才能說服聽講者，想必已經十分清楚了。接下來，就是要如何落實。

在開場白的時候，先向主持人致意、問候聽講者、自我介紹，然後歡迎大家蒞臨指教。再向聽講者走進一步，簡單扼要的針對「背景」做說明。這樣的話，就會讓聽講者覺得「這真的是問題」，開始產生問題意識。接著他們就會開始去思考，「究竟該怎麼辦才好」。這個時候，主講者可以一邊用堅定的眼神凝視聽講者，一邊陳述「總結」。這樣一來，聽講者自然會俯首稱臣，「原來如此，就是這樣！」

主體部分，則是以既定的腳本為基礎，並對總結進行「邏輯性的證明」。根據大綱的黃金三步驟，利用豐富的表情、強而有力，或是採用柔性訴求，把提案內容傳達給聽講者。這樣一來，聽講者對主講者所說的話就會全盤接受。主講者再藉由向聽講者提出問題的方式，透過彼此討論、交換意見，讓簡報的進行更為熱絡。主講者也可以藉此讓全場的聽講者產生一體化的感覺。

介紹完簡報主體後，就該進入做結論的階段。將提案內容做摘要，再次強調既定的結論。最後，別忘了要向全場聽講者表達真誠的謝意。這裡再教大家一招，不妨在最後的時候來點輕鬆的內容，比方說自己準備簡報的心路歷程。相信一定會有不少聽講者會為之動容，做出決定「好，就這麼進行吧！」

相信看到這裡，各位讀者應該可以成功說服聽講者。

祝大家好運！

國家圖書館出版品預行編目資料

簡報技術圖解／八幡紕芦史著；趙韻毅譯. -- 二版. -- 臺北市：商周出版：英屬蓋曼群島商家庭傳媒股份有限公司城邦分公司發行，2022.10

面；　公分. --（最佳實務系列；BW3023X）

譯自：〔図解〕プレゼンの技術

ISBN 978-626-318-413-8（平裝）

1. CST：簡報

494.6　　111013676

最佳實務系列 BW3023X

簡報技術圖解

原文書名／〔図解〕プレゼンの技術
作　　者／八幡紕芦史
譯　　者／趙韻毅
責任編輯／林徑、劉羽苓
版　　權／吳亭儀、林易萱、顏慧儀
行銷業務／周佑潔、林秀津、黃崇華、賴正祐、郭盈均

總　編　輯／陳美靜
總　經　理／彭之琬
事業群總經理／黃淑貞
發　行　人／何飛鵬
法律顧問／台英國際商務法律事務所 羅明通律師
出　　版／商周出版
臺北市104中山區民生東路二段141號9樓
電話：(02) 2500-7008　傳真：(02) 2500-7759
E-mail：bwp.service@cite.com.tw
發　　行／英屬蓋曼群島商家庭傳媒股份有限公司　城邦分公司
聯絡地址／臺北市104中山區民生東路二段141號2樓
讀者服務專線：0800-020-299　24小時傳真服務：(02) 2517-0999
讀者服務信箱E-mail: cs@cite.com.tw
劃撥帳號：19833503　戶名：英屬蓋曼群島商家庭傳媒股份有限公司城邦分公司
訂購服務／書虫股份有限公司客服專線：(02) 2500-7718；2500-7719
服務時間：週一至週五上午09:30-12:00；下午13:30-17:00
24小時傳真專線：(02) 2500-1990；2500-1991
劃撥帳號：19863813　戶名：書虫股份有限公司
E-mail: service@readingclub.com.tw
香港發行所／城邦（香港）出版集團有限公司
香港灣仔駱克道193號東超商業中心1樓
電話：(852)2508-6231　傳真：(852)2578-9337
Email：hkcite@biznetvigator.com
馬新發行所／城邦(馬新)出版集團 Cite (M) Sdn. Bhd.
41, Jalan Radin Anum, Bandar Baru Sri Petaling, 57000 Kuala Lumpur, Malaysia
電話：(603) 9057-8822　傳真：(603) 9057-6622　E-mail: cite@cite.com.my

封面設計／黃宏穎　**電腦排版**／唯翔工作室
印　　刷／韋懋實業有限公司
總　經　銷／聯合發行股份有限公司　電話：(02)2917-8022　傳真：(02)2911-0053
地址：新北市231新店區寶橋路235巷6弄6號2樓

■ 2022年10月6日二版1刷　Printed in Taiwan

城邦讀書花園
www.cite.com.tw

定價／350元

ISBN 978-626-318-413-8（紙本）

商周出版

廣　告　回　函
北區郵政管理登記證
北臺字第10158號
郵資已付，免貼郵票

10480　台北市民生東路二段141號9樓

英屬蓋曼群島商家庭傳媒股份有限公司城邦分公司　收

請沿虛線對摺，謝謝！

商周出版

書號：BW3023X　　書名：簡報技術圖解

請於此處用膠水黏貼

商周出版

讀者回函卡

感謝您購買我們出版的書籍！請費心填寫此回函卡，我們將不定期寄上城邦集團最新的出版訊息。

不定期好禮相贈！
立即加入：商周出版
Facebook 粉絲團

姓名：________________________ 性別：□男 □女

生日：西元__________年__________月__________日

地址：____

聯絡電話：____________________ 傳真：____________________

E-mail ：

學歷：□ 1. 小學 □ 2. 國中 □ 3. 高中 □ 4. 大學 □ 5. 研究所以上

職業：□ 1. 學生 □ 2. 軍公教 □ 3. 服務 □ 4. 金融 □ 5. 製造 □ 6. 資訊

□ 7. 傳播 □ 8. 自由業 □ 9. 農漁牧 □ 10. 家管 □ 11. 退休

□ 12. 其他________________________

您從何種方式得知本書消息？

□ 1. 書店 □ 2. 網路 □ 3. 報紙 □ 4. 雜誌 □ 5. 廣播 □ 6. 電視

□ 7. 親友推薦 □ 8. 其他________________________

您通常以何種方式購書？

□ 1. 書店 □ 2. 網路 □ 3. 傳真訂購 □ 4. 郵局劃撥 □ 5. 其他______

您喜歡閱讀那些類別的書籍？

□ 1. 財經商業 □ 2. 自然科學 □ 3. 歷史 □ 4. 法律 □ 5. 文學

□ 6. 休閒旅遊 □ 7. 小說 □ 8. 人物傳記 □ 9. 生活、勵志 □ 10. 其他

對我們的建議：____

____

____

請於此處用膠水黏貼